50个趣味电子小制作

刘祖明　张建平　编著

·北京·

本书是一本实用科普读物。全书精选了50例电子小制作，分别介绍了各个电路的工作原理、元器件的选择、制作方法与使用说明。对实例中所用的新颖元器件的性能、检测方法进行了重点介绍，并结合不同的实例，有针对性地讲述了代表性强、实用性强的电子制作小知识。全书的实例由实用电子小制作、趣味电子小制作、控制与遥控类小制作、门铃与报警类小制作、仪器、仪表、单片机制作类等组成，详细讲解了制作的方法和步骤。同时也介绍电子爱好者必须掌握的基础知识、基本技能和制作技巧。

本书内容丰富、取材新颖、图文并茂、直观易懂，具有很强的实用性和可操作性，可供广大电子爱好者、技术工作者、无线电爱好者阅读和仿制，也可供中小电子企业新产品开发人员或相关专业的师生参考。

图书在版编目（CIP）数据

50个趣味电子小制作/刘祖明，张建平编著．—北京：化学工业出版社，2011.12（2022.7重印）
ISBN 978-7-122-12643-6

Ⅰ．5… Ⅱ．①刘…②张… Ⅲ．电子器件-制作-普及读物 Ⅳ．TN-49

中国版本图书馆CIP数据核字（2011）第215857号

责任编辑：李军亮	文字编辑：徐卿华
责任校对：宋 玮	装帧设计：尹琳琳

出版发行：化学工业出版社（北京市东城区青年湖南街13号 邮政编码100011）
印　　装：北京七彩京通数码快印有限公司
850mm×1168mm　1/32　印张$8\frac{1}{4}$　字数222千字
2022年7月北京第1版第16次印刷

购书咨询：010-64518888
售后服务：010-64518899
网　　址：http://www.cip.com.cn
凡购买本书，如有缺损质量问题，本社销售中心负责调换。

定　价：36.00元　　　　　　　　　　　　　　版权所有　违者必究

前言

本书是一本实用科普读物。全书精选了50例电子小制作电路，分别介绍了各个电子小制作的电路工作原理、元器件的选择、制作方法与使用说明。对各例制作中所用的新型元器件的性能、检测方法进行了重点介绍，并结合不同的实例，有针对性地讲述了代表性强、实用性强的电子制作小知识。全书的实例由实用电子小制作，趣味电子小制作，控制与遥控类小制作，门铃与报警类小制作，仪器、仪表、单片机制作类等组成，详细讲解了制作的方法和步骤。同时也介绍了电子爱好者必须掌握的基础知识、基本技能和制作技巧。

本书内容以实用为主，大部分实例都经过编著者的实践与应用，原理分析通俗易懂，并配有大量的图片，在内容安排上也是由简到繁，逐步深入，便于读者理解，达到举一反三的作用。

全书由刘祖明、张建平编著，刘祖明编写了第1～4章，张建平编写了第5章和第6章，刘祖明负责全书的统稿工作，同时张安若、祝建孙、钟柳青、邱寿华、刘文沁等也参加了本书的编写工作。

本书适合广大电子爱好者学习，也可供家用电器和电子设备等行业的维修人员阅读、参考。同时感谢读者选择了本书,希望我们的努力能对您的工作和学习有所帮助,也希望广大读者不吝赐教,以便我们在再版时做到精益求精。

编著者

目录

第1章 电子制作基础知识 /1

1.1 常用工具 /2
1.2 常用电子元器件安装及焊接方法 /6
1.3 常用电子元器件的简介 /9

第2章 实用电子小制作 /25

实例1：电子节能灯制作 /26
实例2：LED调光台灯 /31
实例3：快速电池充电器 /33
实例4：直流可调稳压电源 /37
实例5：手机万能充电器 /41
实例6：七人智力抢答器 /46
实例7：LED流水灯 /48
实例8：感应式电子迎宾器 /50
实例9：水箱水位自动控制器 /53
实例10：智能彩灯控制器 /57

目录

第3章 趣味电子小制作 /63

实例11：无线和弦音乐门铃 /64
实例12：无线多曲音乐门铃 /70
实例13：光控自动节能LED灯电路 /76
实例14：七彩控制灯 /77
实例15：单音乐无线遥控门铃 /90
实例16：AM/FM两波段收音机 /95
实例17：6管超外差收音机 /100
实例18：自动干发器 /105
实例19：迷你低音炮制作 /109
实例20：分立元件功放制作 /113

第4章 控制与遥控类小制作 /119

实例21：1路遥控开关 /120
实例22：集成电路声光控开关 /125

实例23：红外线感应开关 /128
实例24：光控路灯自动控制器 /132
实例25：触摸延时开关 /136
实例26：86外壳分立声光控开关 /139
实例27：4路遥控开关 /143
实例28：广告灯控制器 /148
实例29：触摸开关灯 /151
实例30：触摸调光灯 /155

第5章 门铃与报警类小制作 /159

实例31：门磁报警器制作 /160
实例32：红外线对射报警器 /165
实例33：调频无线话筒的制作 /171
实例34：停电报警器制作 /174
实例35：双音电子门铃 /177
实例36：555电路报警器 /180
实例37：叮咚门铃制作 /183
实例38：闪烁灯光门铃电路 /185
实例39：分立式声光控开关 /187
实例40：市电电压双向越限报警保护器 /190

目录

第6章 仪器、仪表、单片机制作类 /193

实例41：针对PT2262的解码器 /194
实例42：三位数字显示电容测试表 /200
实例43：MF47型指针万用表制作 /203
实例44：遥控电风扇控制器 /207
实例45：数显可调稳压电源 /210
实例46：触摸式延时照明灯 /214
实例47：单片机控制的音响 /216
实例48：小型电子声光礼花器 /243
实例49：红外线探测防盗报警器 /246
实例50：面包型电话机 /249

参考文献 /255

第 1 章 电子制作基础知识

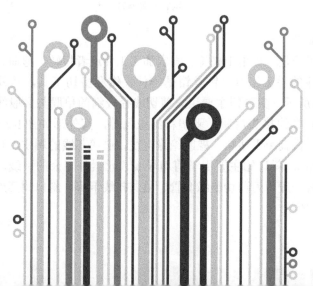

1.1 常用工具

（1）螺丝刀

螺丝刀是一种用来拧转螺钉以迫使其就位的工具，通常有一个薄楔形头，可插入螺钉头的槽缝或凹口内，松动和紧固各种圆头或平头螺钉。常用的螺丝刀有一字和十字两种。普通螺丝刀，如图 1-1(a) 所示。电动螺丝刀（电批），如图 1-1(b) 所示。

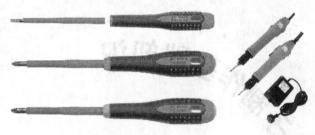

(a) 普通螺丝刀　　　　(b) 电动螺丝刀

注：螺丝刀的种类比较多，读者可以根据自己的使用习惯，来选择螺丝刀。

图 1-1　螺丝刀

（2）钳子

钳子是一种用于夹持、固定加工工件或者扭转、弯曲、剪断金属丝线的手工工具。钢丝钳是一种夹钳和剪切工具，其外形如图 1-2(a) 所示。尖嘴钳主要用来剪切线径较细的单股与多股线，以及给单股导线接头弯圈、剥塑料绝缘层等，其外形如图 1-2(b) 所示。剥线钳适宜用于塑料、橡胶绝缘电线、电缆芯线的剥皮，其外形如图 1-2(c)。斜口钳主要用于剪切导线、元器件多余的引线，还常用来代替一般剪刀剪切绝缘套管、尼龙扎线卡等。斜口钳其外形如图 1-2(d) 所示。

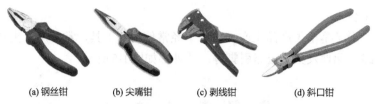

(a) 钢丝钳　　(b) 尖嘴钳　　(c) 剥线钳　　(d) 斜口钳

图1-2 钳子

（3）电烙铁

电烙铁是电子产品生产和电器维修必不可少的主要工具，主要用途是焊接元器件及导线，常用的电烙铁功率为25～50W。按结构可分为内热式电烙铁和外热式电烙铁，如图1-3(a)、(b)所示。

焊台是一种常用于电子焊接工艺的手动工具，通过给焊料（锡丝）供热，使其熔化，从而使两个工件焊接起来。其外形如图1-3(c)所示。

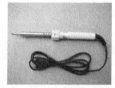  

(a) 内热式电烙铁　　(b) 外热式电烙铁　　(c) 焊台

注：电子制作一般采用内垫式的电烙铁，功率为35W。有条件的电子制作爱好者可以选择焊台。

图1-3 电烙铁

（4）吸锡器

吸锡器是一种修理电器用的工具，收集拆卸焊盘电子元器件时熔化的焊锡。其外形如图1-4所示。

注：吸锡器常常使用在电器或制作好的小产品维修过程中及元器件焊接错误时。

图1-4 吸锡器

(5)镊子

镊子是电子产品生产、维修中经常使用的工具,常常用它夹持导线、元件及集成电路引脚等。其外形如图1-5所示。

注:镊子可以对元器件的引脚进行整形。

图1-5 镊子

(6)毛刷

毛刷采用塑胶制成手柄,塑胶丝或动物毛制成刷毛,用来清扫元器件上的灰尘。其外形如图1-6所示。

图1-6 毛刷

(7)万用表

万用表又叫多用表、三用表、复用表,万用表分为指针式万用表和数字万用表。万用表可测量直流电流、直流电压、交流电流、交流电压、电阻和音频电平等,有的还可以测交流电流、电容量、电感量及半导体器件的一些参数(如三极管的参数β)。其外形如图1-7所示。

图1-7 万用表

(8)松香

松香是助焊剂的一种,主要增加焊锡流动性,有助于焊锡湿润焊件。其外形如图1-8所示。

图1-8 松香

(9)焊锡

焊锡是在焊接线路中连接电子元器件的重要工业原材料,焊接作业时使用的线状焊锡被称为松香焊锡或线状焊锡(在焊锡中加入了助焊剂,是由松香和少量的活性剂组成)。其外形如图1-9所示。

图1-9 焊锡

1.2 常用电子元器件安装及焊接方法

1.2.1 常用电子元器件的安装

在介绍电子元器件如何安装之前，介绍几个与安装有关的概念。

➢ 电路　由金属导线和电气以及电子部件组成的导电回路，称为电路。直流电通过的电路称为"直流电路"；交流电通过的电路称为"交流电路"。

➢ 电路图　电路图是人们为了研究和工程的需要，用约定的符号绘制的一种表示电路结构的图形。

➢ 原理图　又被叫作"电原理图"。这种图，由于它直接体现了电子电路的结构和工作原理，所以一般用在设计、分析电路中。分析电路时，通过识别图纸上所画的各种电路元件符号，以及它们之间的连接方式，就可以了解电路实际工作时的情况。

➢ PCB　PCB（Printed Circuit Board），中文名称为印制电路板，又称印刷电路板、印刷线路板，是重要的电子部件，是电子元器件的支撑体，是电子元器件电气连接的提供者。由于它是采用电子印刷术制作的，故被称为"印刷"电路板。

（1）电阻的安装

电阻应该与电路板平行地被插在板上，电阻体应该安装在焊盘两孔中间位置上。如果板上插元件的焊盘两孔间距离比电阻体的长度短，电阻可竖起来安装，如果会出现有可能短路的情况下就必须套管。功率在2W以上的电阻在插装时不得平贴于电路板安装，要有一定距离，以防大功率电阻发出的热量烧坏线路板上的线路。

排阻是将多个电阻器集中封装在一起，组成一个复合电阻。有极性的排阻，作业时不能插反，否则将影响功能。一般来说，排阻的丝印位置上标有公共脚位置（公共端，一般用一个小白点表示），同时有的也用数字"1"表示,作业时需认真操作,同时也要注意排阻的方向。没有极性排阻和色环电阻,但安装时也要求有字的一面和误差环都朝一个方向,这是为了整齐划一。

(2)电容的安装

电解电容的外壳上有极性标志,是有极性的,插入时极性方向必须与电路板上所标明的丝印方向一致。有极性的电容,在它们的元件体已经标明它们插入电路板时应插入的极性,一般是用"+"标明正极。也有用圆点、细的一端、有缺口的一端、长的管脚的一端表示正极。 还有一些是标明负极的。电路板上电解电容正极管脚的孔标有"+"号或圆点。

插放电解电容时应注意极性。所有径向管脚的电容插入后,管脚根部与电路板之间的距离越小越好。当电容管脚加上绝缘保护层时,绝缘保护层不可插入孔中。如果电路板上的孔不如元件体宽时,管脚应加套管。如果电路板上的两孔距离过宽时,也应加套管。

陶瓷电容很脆,插件时应小心作业,以免损坏。轴向引线电容插入电路板时,元件主体应在两孔中间。

如果两孔之间的距离不如元件体长,可以将元件的引脚进行整形,达到可以安装的目的,如果电容的管脚与其附近的元件有可能发生短路的话,可以将元件引脚进行管脚套管的方法,防止短路。

(3)二极管的安装

二极管是有极性的元器件,作业时要看清电路板丝印中的极性标示,标明二极管的极性,不能将二极管插反了,否则将影响二极管功能,严重时还可能引起自身或其他零件的烧毁。安装轴向引线二极管时,保证元件主体应在两孔中间。

(4)三极管的安装

三极管有三个脚,安装要注意电路板上三极管丝印的方向,三极管接法必须正确,否则,三极管就不能发挥出应该发挥的功能。三极管的发射极在插入电路板时必须插在附近有一点记号的孔上或者按丝印位置插入。插塑封三极管时,元件体上的平面必须与电路板上丝印所标示的平边对应插入。

(5) 晶体的安装

晶体内的晶片是很脆的,在放置或搬动过程中勿重压或重挟。

(6) 振荡器的安装

振荡器中的四个脚是有顺序规定的,插件时要注意,以免插错,否则振荡器将发挥不了作用。

(7) IC的安装

IC的种类很多,不同系列的IC其功能是不同的,即使是同一系列的IC,不同的类型其功能也存在很大的差异,所以在使用中要注意对号入座,切不可随意代用。

IC是有方向性的器件,IC脚的排列有顺序规定,IC上有一个凹口表示方向,电路板丝印记号也有一个凹口记号,两者要对应,这样就不会插反了。如果插反,使用时会将IC烧坏。

IC的管脚应全部插入孔中,不应有管脚在元件面弯曲。IC的封装材料是很脆的,搬动时要轻拿轻放,切勿掉落于地板,以免摔坏。

(8) 电感器的安装

某些形状的电感器插入电路板时只有一种插法,这是由管脚的组织形态决定的。有些电感器有多种插法,但插入板时只能插一个方向,因为电感器是有极性的,电感器的一号管脚用一尖角表示,插时应对准板上的白点插入,电感器必须平插在板上。

(9) 变压器的安装

一些变压器插入电路板时只有一种插法,这是由管脚的组织形态决定的。有些变压器有许多种插法,但插入板时只能插一个方向,因为变压器是有极性的,变压器的一号管脚通常用白色标志,或一个孔或一个尖角表示。变压器必须平插在电路板上。

1.2.2 焊接方法

(1) 电烙铁与焊锡丝的握法

手工焊接握电烙铁的方法有反握、正握及握笔式三种,如图1-10所示。

图 1-10 电烙铁的握法

焊锡丝的拿法有两种,如图 1-11 所示。

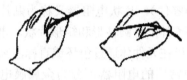

图 1-11 焊锡丝的拿法

(2)手工焊接的步骤

- 准备焊接　清洁焊接部位的积尘及油污、元器件的插装、导线与接线端钩连,为焊接做好前期的预备工作。
- 加热焊接　将蘸有少许焊锡的电烙铁头接触被焊元器件约几秒钟。若是要拆下印刷板上的元器件,则待烙铁头加热后,用手或镊子轻轻拉动元器件,看是否可以取下。
- 清理焊接面　若所焊部位焊锡过多,可将烙铁头上的焊锡甩掉,然后用烙铁头"沾"些焊锡出来。若焊点焊锡过少、不圆滑时,可以用电烙铁头"蘸"些焊锡对焊点进行补焊。
- 检查焊点　看焊点是否圆润、光亮、牢固,是否有与周围元器件连焊的现象。

1.3 常用电子元器件的简介

(1)电阻器

工作中常说的电阻(Resistance)就是电阻器。在电路应用中

通常将电阻器简称为电阻。电阻是一种具有一定阻值,一定几何形状,一定性能参数,在电路中对电流起阻碍作用的实体元件。在电路中,它的主要作用是稳定和调节电路中的电流和电压,作为分流器、分压器、温度检测、过压保护和消耗电能的负载使用。

大部分电阻的引出线为轴向引线,一小部分为径向引线,为了适应现代表面组装技术(SMT)的需要,还有"无引出线"的片状电阻器(或叫无脚零件),片状电阻器又称为贴片电阻器,电阻体有碳膜、金属膜等,外形有圆柱形和矩形片状。电阻器是非极性元件,电阻器的阻值可在元件体通过色环或直标法来鉴别。

在电路设计中常用的电阻器可分为金属膜电阻器、碳膜电阻器、线绕电阻器、电位器、网络电阻器、热敏电阻器。不同的电阻器,不仅其电阻值不同,功能也不一样,所以不同的电阻器是不可以随便替代的。

电阻按其功率不同有1/8W、1/4W、1/2W、1.5W、1W、2W,功率越大,电阻体形也越大,耗散功率为1W或大于1W的元器件不得与印刷板相接触,应采用相应的散热措施后再行安装。

电阻的单位是欧姆(Ω),为了对不同阻值的电阻进行标注,经常会使用千欧($k\Omega$),兆欧($M\Omega$)等单位。

换算公式:$1M\Omega=10^3 k\Omega=10^6 \Omega$。

电阻器功率的单位是瓦特(W),电阻器的功率说明电阻器在正常使用情况下能释放多少能量,功率越高,释放的能量越多。在电阻器的代换中要注意,不能使用低功率的电阻代替高功率的电阻(在电阻阻值一样情况下),可以用高功率的电阻代替低功率的电阻,在一般情况下,所选电阻的额定功率要符合设计电路中所对应的功率要求,不能随便加大或减少电阻的功率。

在电路设计中还会使用网络电阻器,网络电阻器与色环电阻相比具有整齐、少占空间的优点,它的内部实际上是由很多个电阻整齐地排在一起,所以也叫作排阻。网络电阻器有两种类型。

注:网络电阻器就是在电路中常使用的排阻。

➢ 双列直插电阻网络 双列直插电阻网络类似IC。第一号管脚由小圆点或小凹槽来表示,当你拿着元件时,使元件主体面对自己,槽或小圆点向上,左边的第一个管脚是第一号管脚。插第一号管脚的孔通常在电路板上用方盘或带尖角的焊盘标明。插电阻网络时第一号管脚必须插入电路板上带有标明第一号管脚的孔。

➢ 单列直插电阻网络　单列直插电阻网络是带有一排管脚的塑料盒。第一号管脚由在元件体上的小圆点或数字"1"或一条粗实线表示。电路板上插第一号管脚的通常用一个方块焊盘或一点表示。第一号管脚通常插入这个方焊盘内或小圆点旁。

　　电位器是一种可调电阻器,可通过调整其元件体上的旋钮或螺钉改变其阻值。电位器具有方向性。一个电位器有三个管脚,只有一种方法把电位器插入板。电位器的形状有方形、圆形和矩形。

　　通常来说,使用万用表可以很容易判断出电阻的好坏:将万用表调节在电阻挡的合适挡位,并将万用表的两个表笔放在电阻的两端,就可以从万用表上读出电阻的阻值。应注意的是,测试电阻时手不能接触表笔的金属部分。在实际电器维修中,很少出现电阻损坏。着重注意的是电阻是否虚焊(假焊)、脱焊。电阻的外形如图1-12所示。

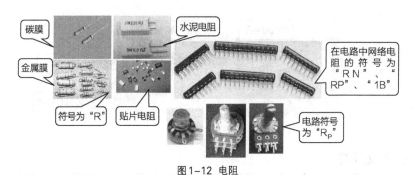

图1-12 电阻

(2) 电容

　　电容是由两个中间隔以绝缘材料(介质)的电极组成的,具有存储电荷功能的电子元件。在电路中,它有阻止直流电流通过,允许交流电流通过的性能,在电路中可起到旁路、耦合、滤波、隔直流、储存电能、振荡和调谐等作用。反映电容器物理性能的主要参数为容量和耐压,这在电容器的外观标记中有标明。有的电容是有极性的,电容上还会标明极性的方向。

电容按介质材料分电解电容(有极性)、钽电容、独石电容(无极性)、陶瓷电容。电容量反映电容施加电压后储存电荷的能力或储存电荷的多少。电容量单位常用的有法拉(F)、微法(μF)、皮法(pF)。

换算公式:$1F = 10^6 \mu F = 10^{12} pF$

电容的电容值是用3位或4位数字标明,前2位或前3位数字表示重要数据(即有效数字),最后一位数字表示有效数字的加零个数。

例:471=470μF(对于铝电解电容用μF,其他类型的电容则是470pF)

当电容值标有字母"R"的时候,R则表示小数点。电容误差用一个单独的字母表示。在电容的替换时容量相同,工作电压大的电容可代替工作电压小的电容,相反则不能代替。电容的外形如图1-13所示。

图1-13 电容器

(3)变压器

变压器是利用电磁感应的原理来改变交流电压的装置,主要构件是初级线圈、次级线圈和铁芯(磁芯)。在电器设备和无线电路中,常用作升降电压、匹配阻抗、安全隔离等。

变压器是有极性的,它的第一个管脚通常用一白色标志、一个孔或一个尖角表示。变压器的外形如图1-14所示。

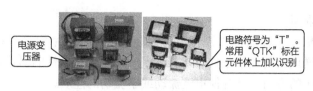

图1-14 变压器

(4) 电感

电感是指线圈在磁场中活动时，所能感应到的电流的强度，利用此性质制成的元件为电感器。电感器是用漆包线、纱包线或塑皮线等在绝缘骨架或磁芯、铁芯上绕制成的一组串联的同轴线匝。电感器的主要作用是对交流信号进行隔离、滤波或与电容器、电阻器等组成谐振电路。

电感的单位是亨利（H）、毫亨（mH）、微亨（μH）。电感器是有极性的，电感器的一号管脚用一尖角表示，插时应对准板上的白点插入。

轴向引线电感器和电阻的外形非常相似，可区别它们的标志是电感器的一头有一条宽的银色色环。轴向引线由电感器用五个色环表示，第一环银色环比其他的色环大两倍，以下的三环标示电感的毫亨值，第五环表示电感的误差值。其后四环的标识方法和四环电阻的相同。电感的外形如图1-15所示。

例：某电感器的后四环颜色依次为红、红、黑、银，则其电感值为22μH±10%。如果第二环或第三环的颜色是金色，则此金色环表示电感值的小数点。

例：某电感值的后四环颜色依次为黄、金、紫、银，则其电感值为4.7μH±10%。

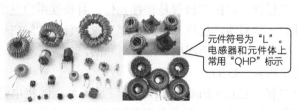

图1-15 电感

（5）二极管

二极管又称晶体二极管，简称二极管(Diode)；它是只往一个方向传送电流的电子零件。二极管是一种单向导电性的器件，按照外加电压的方向，具有使电流流动或不流动的性质。

二极管是由P型半导体和N型半导体结合而形成的PN结，在其界面处两侧形成空间电荷层，并形成自建电场。当不存在外加电压时，由于PN结两边载流子浓度差引起的扩散电流和自建电场引起的漂移电流相等而处于电平衡状态。

所谓单向导电性就是指当电流从正向流过时，它的电阻很小，当电流从负向流过时，它的电阻很大，所以二极管是一种有极性的元件。二极管只有两个脚，其外壳有的用玻璃或其他材料封装。

二极管表面上的标记一般有两个内容，一个表示该元件是二极管，一个标明该二极管哪个脚是正极哪个脚是负极。有些二极管表面上的标记是用字母如"1N××××"或"1S××××"表示，1N或1S表示该元件是二极管，即有一个PN结，这是日本和美国常用的标识方法。二极管的外形，如图1-16所示。

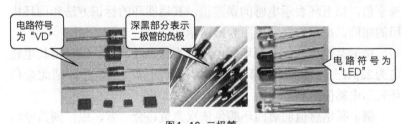

图1-16 二极管

> 稳压二极管　稳压二极管是极性元件，且极性用白色的单杠在元件的一端标明，稳压二极管看起来很像普通的轴向引线二极管，但是在电路上所起的作用是不同的。

> 发光二极管（LED）

发光二极管(Light Emitting Diode)，是一种能够将电能转化为可见光的固态的半导体器件，它可以直接把电转化为光。发光二极管极性用平边表示,标在元件体上,或用一缺口表示,或用一条长的管脚表示,或用一点在元件体上表示。插元件时,元件体上的平边必须与电路板上所标示的平边对应插入,有时候电路板上用LED标志出其极性,这种情况的安装方法是把LED插在其标志上。发光二极管有小功率与大功率之分。

(6) 三极管 (Triode)

半导体三极管又称"晶体三极管"或"晶体管"。在半导体锗或硅的单晶上制备两个能相互影响的PN结,组成一个PNP(或NPN)结构。中间的N区(或P区)叫基区,两边的区域叫发射区和集电区,这三部分各有一条电极引线引出,分别叫基极(B)、发射极(E)和集电极(C)。三极管在电路中能起放大、振荡或开关等作用。

三极管外壳一般用塑料封装和金属封装。用金属封装的是为了散热方便,大功率三极管上流过的电流一般很大,发热比较严重。三极管的电路符号是"Q"或者"VT",三极管是有极性的。三极管型号有PNP型和NPN型。

金属封装三极管上的发射极的识别:手里拿着三极管,使管脚向外,凸出的标签向上,标签左边的管脚就是发射极(第一号管脚)。

塑封三极管的发射极的识别:塑料封装的三极管有一个平面,拿着三极管,让平面面对自己,第一号管脚(发射极)就是最左边的管脚,这个管脚必须插在板上点的附近。有时在三极管的平面会用字母"E"标出发射极所在。

一些功率三极管是可直接插入电路板的,其他的就需要一层绝缘物质隔在元件体和板之间,然后用螺钉上紧。功率三极管插入电路板时元件体上的字必须向上。

有一些金属封装的三极管的管脚有金属夹或金属弹簧,是为了预防ESD(静电敏感),金属弹簧是在插入后拿出的,而金属夹是在插入前拿出的。三极管的外形如图1-17所示。

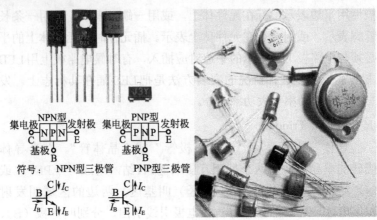

图1-17 三极管

(7) 晶振 (Crystal)

晶体作为振源用于构成振荡电路。其外壳用金属封装，使其外壳坚固，保护里面的晶片。晶体表面上的标记有两个内容：一个商标或厂家名称和振荡频率。对于晶体来说，振荡频率是标记晶体物理性能的一个主要参数，在应用中只要知道晶体振荡频率就可以了，商标和厂家名称等都可以不管。晶体是没有极性的，插件时为了外观整齐，要将有标志的一面向上。晶体的外形如图1-18所示。

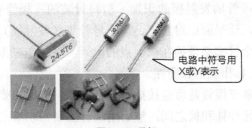

图1-18 晶振

(8) 振荡器

与晶体相比，振荡器内部除了有晶片外还有电阻、电容，已成一个振荡电路。所以振荡器的四个脚是极性的。振荡器的外形为砖块形，有四个脚。其表面上的标记有振荡频率，第一脚位置，商标或厂家名称或牌子、编号。在使用中只需认准振荡频率和第一脚位置就可以了。晶振的外形如图1-19所示。

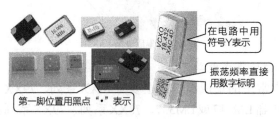

图1-19 晶振

（9）集成电路（IC）

集成电路（Integrated Circuit）是一种微型电子器件或部件，是将组成电路的有源元件（晶体管、二极管）、无源元件（电阻、电容等）及其互连布线，通过半导体工艺或者薄、厚膜工艺（或这些工艺的结合），制作在半导体或绝缘体基片上，形成结构上紧密联系的具有一定功能的电路，与分立元器件组成的电路相比，具有体积小、重量轻、引线短、焊点少、可靠性高、功率低、使用方便和成本低等特点。

IC是有极性的元件，插入板时只有一个方向，如果插错了方向，它的功能就不能显示出来，甚至还会使其熔化或烧坏。

IC的第一号管脚的识别：拿着IC，使其管脚向外，元件体面对自己，极性标志向上，极性标志左边的第一个管脚就是第一号管脚。IC的所有管脚都应有号码。

标明第一号管脚的方法可用一小缺口或第一号管脚旁的小白点标明。第一号管脚通常被插入一方盘中，电路板上有一带尖头的方框，IC插入电路板时，元件体上的缺口应对着尖头。

IC的种类很多，常见的有TTL系列（与非门电路）、RAM系列（随机存储器）、ROM（只读存储器）、EPROM（紫外线可擦除式只读存储器）系列、PAL（可编程逻辑阵列）。集成电路（IC）的外形如图1-20所示。

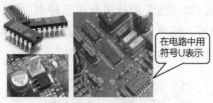

图1-20 集成电路（IC）

（10）三端稳压集成电路

电路中常用的集成稳压器主要有78XX系列、79XX系列、可调集成稳压器LM317或LM337。78XX系列、79XX系列是固定的三端稳压器，输出电压有5V、6V、9V、15V、18V、24V等规格，最大电流达到1.5A。当输出电流较大时，元件体上是散热片，通常用螺钉紧固在电路板上。稳压器的外形如图1-21所示。

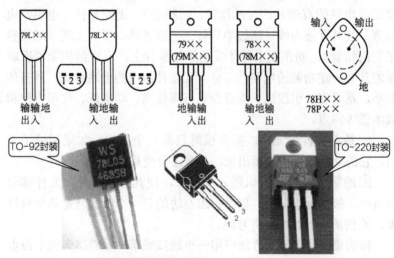

注：78××系列输出的电源电压为正值，79××系列输出电源电压为负值。

图1-21 稳压器

（11）IC插座（Socket）

IC插座的使用是为了方便IC更换，而不用焊接，直接换下即可。IC插座是有极性的，其极性标志是IC插座一端上的"U"形槽，插入时必须对着板上的极性标志的地方插入。焊接IC插座时，要将IC插座的管脚全部插入焊盘孔中。IC插座的外形如图1-22所示。

图1-22 IC插座

（12）开关（Switch）

常用的开关有拨动开关、按钮开关和双列直插开关。开关是有极性的元件，插入电路板时只能按一个方向。插入时元件体上的极性标志必须与板上极性标志对应。拨动开关有一条槽，插入电路板时槽向下，固定开关时用两个螺钉和一个垫片固定。双列直插开关的表面有一层胶布，这层胶布要在焊接后才能撕开。开关的外形如图1-23所示。

在电路中用符号S表示

图1-23 开关

（13）继电器（Relay）

继电器是一种电子控制器件，它具有控制系统（又称输入回路）和被控制系统（又称输出回路），通常应用于自动控制电路中，它实际上是用较小的电流去控制较大电流的一种"自动开关"。故在电路中起着自动调节、安全保护、转换电路等作用。

继电器是有极性的元件，插入电路时只能按一个方向。电路板上继电器封装和继电器管脚的结构大小是一样的,一般是不会插错的。继电器的外形如图1-24所示。

图1-24 继电器

注:继电器有密封包装与没有密封包装两种。经过密封包装的继电器可以过波峰焊机,没有密封的不能过波峰焊机。

(14)晶闸管

晶闸管是可控硅整流元件的简称,是一种具有三个PN结的四层结构的大功率半导体器件,亦称为可控硅。它具有体积小、结构相对简单、功能强等特点,是比较常用的半导体器件之一。该器件被广泛应用于各种电子设备和电子产品中,多用来作可控整流、逆变、变频、调压、无触点开关等。晶闸管的外形如图1-25所示。

图1-25 晶闸管

(15)桥堆

桥堆主要作用是整流,调整电流方向。用桥堆整流是比较好的,因为桥堆内部的四个管子一般是挑选配对的,所以其性能较接近。在大功率整流时,桥堆上都可以装散热块,使工作时性能更稳定。

当然不同使用场合也要选择不同的桥堆，不能只看耐压是否够，高频特性是否达到等，还要结合使用场合来综合考虑。

整流桥堆是由四只整流硅芯片作桥式连接，外壳为绝缘塑料，用环氧树脂封装而成，大功率整流桥在绝缘层外添加锌金属壳包封，增强散热。整流桥的外形有扁形、圆形、方形、板凳形（分直插与贴片）等，有GPP与O/J结构之分。最大整流电流从0.5～100A，最高反向峰值电压从50～1600V。桥堆的外形如图1-26所示。

图1-26 桥堆

（16）蜂鸣器

蜂鸣器是一种一体化结构的电子讯响器，采用直流电压供电，广泛应用于计算机、打印机、复印机、报警器、电子玩具、汽车电子设备、电话机、定时器等电子产品中作发声器件。蜂鸣器主要分为压电式蜂鸣器和电磁式蜂鸣器两种类型。蜂鸣器在电路中用字母"H"或"HA"（旧标准用"FM"、"LB"、"JD"等）表示。

➢ 压电式蜂鸣器　压电式蜂鸣器主要由多谐振荡器、压电蜂鸣片、阻抗匹配器及共鸣箱、外壳等组成。有的压电式蜂鸣器外壳上还装有发光二极管。

➢ 电磁式蜂鸣器　电磁式蜂鸣器由振荡器、电磁线圈、磁铁、振动膜片及外壳等组成。接通电源后，振荡器产生的音频信号电流通过电磁线圈，使电磁线圈产生磁场。振动膜片在电磁线圈和磁铁的相互作用下，周期性地振动发声。蜂鸣器的外形如图1-27所示。

图1-27 蜂鸣器

(17) 场效应管

场效应晶体管(Field Effect Transistor,FET)简称场效应管。由多数载流子参与导电,也称为单极型晶体管。它属于电压控制型半导体器件,具有输入电阻高($10^8 \sim 10^9 \Omega$)、噪声小、功耗低、动态范围大、易于集成、没有二次击穿现象、安全工作区域宽等优点。场效应管外形如图1-28所示。

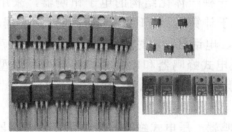

图1-28 场效应管

(18) 熔断器

熔断器也被称为保险丝,IEC127标准将它定义为"熔断体(Fuse-Link)"。它是一种安装在电路中,保证电路安全运行的电器元件。熔断器其实就是一种短路保护器,广泛用于配电系统和控制系统,主要进行短路保护或严重过载保护。熔断器的外形如图1-29所示。

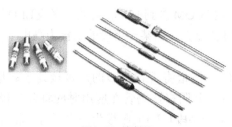

图1-29 熔断器

(19)扬声器

扬声器又称"喇叭",是一种十分常用的电声换能器件。扬声器的外形如图1-30所示。

图1-30 扬声器

(20)数码管

数码管是一种半导体发光器件,其基本单元是LED(发光二极管)。数码管按段数分为七段数码管和八段数码管,八段数码管比七段数码管多一个LED单元(多一个小数点显示);按能显示多少个"8"可分为1位、2位、3位、4位等。数码管外形,如图1-31所示。

图1-31 数码管

数码管分为共阳极和共阴极。共阳极数码管是指将所有LED的阳极接到一起形成公共阳极(COM)的数码管。共阳极数码管在应用时应将公共极COM接到+5V，当某一字段LED的阴极为低电平时，相应字段就点亮。当某一字段的阴极为高电平时，相应字段就不亮。

共阴极数码管是指将所有LED的阴极接到一起形成公共阴极(COM)的数码管。共阴极数码管在应用时应将公共极COM接到地线GND上，当某一字段LED的阳极为高电平时，相应字段就点亮。当某一字段的阳极为低电平时，相应字段就不亮。

（21）单片机

单片机是一种集成在电路芯片，是采用超大规模集成电路技术把具有数据处理能力的中央处理器CPU随机存储器RAM、只读存储器ROM、多种I/O口和中断系统、定时器/计时器等功能（可能还包括显示驱动电路、脉宽调制电路、模拟多路转换器、A/D转换器等电路）集成到一块硅片上构成的一个小而完善的计算机系统。单片机外形如图1-32所示。

图1-32 单片机

（22）传感器

传感器是能感受规定的被测量并按照一定的规律转换成可用输出信号的器件或装置。它接受物理或化学变量(输入变量)形式的信息，并按一定规律将其转换成同种或别种性质的输出信号。传感器外形如图1-33所示。

图1-33 传感器

第 2 章 实用电子小制作

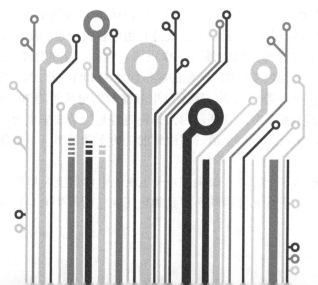

电子节能灯制作

目前，白色大功率LED发光效率已经突破120lm/W，是白炽灯（15lm/W）的8倍，是荧光灯（50lm/W）的2倍多。LED的光谱中没有紫外线和红外线成分，所以不会发热，不会产生有害辐射。而且LED的光通量半衰期大于5万小时，可以正常使用20年，器件寿命一般都在10万小时以上，是荧光灯寿命的10倍，是白炽灯的100倍，所以基本不会损坏，这种灯具具有非常好的节能、长寿命特性。随着白色LED价格的不断降低，LED照明灯不但在节日彩灯装饰中广泛应用，而且逐步延伸到路面照明、民用照明等低照度要求的领域，全面进入实用化，并且其废弃物可以回收，没有荧光灯的污染问题，是国家重点发展的产业项目。

（1）电容降压工作原理

电容降压LED驱动电路由于具有体积小、成本低、电流相对恒定等优点，也常常应用于小电流LED的驱动电路中。

电容降压LED驱动电路就是利用电容在一定的交流信号频率下产生的容抗来限制最大工作电流。例如，在50Hz的工频条件下，一个1μF的电容所产生的容抗约为3180Ω。若220V的交流电压加在电容器的两端，则流过电容的最大电流约为70mA。但在电容器上并不产生功耗，因为如果电容是一个理想电容，则流过电容的电流为虚部电流，它所做的功为无功功率（电容属于储能元件）。

根据这个特点，如果在一个1μF的电容器上再串联一个阻性元件，则阻性元件两端所得到的电压和它所产生的功耗完全取决于该阻性元件的特性。例如,将一个110V/8W的灯泡与一个1μF的电容串联,接到220V/50Hz的交流电压上,灯泡被点亮,发出正常的亮度而不会被烧毁。因为110V/8W的灯泡所需电流为8W/110V=72mA,它与1μF电容所产生的限流特性相吻合。同理,也可以将65V/5W的灯泡与1μF的电容串联接到220V/50Hz的交流电上,灯泡同样会被点亮,而不会被烧毁。因为65V/5W的灯泡的工作电流也约为70mA。因此,电容降压实际上是利用容抗限流,而电容器起到一个限制电流和动态分配电容器、负载两端电压的作用。

将交流电转换为低压直流的常规方法是采用变压器降压后再整流滤波,若受体积和成本等因素的限制,则最简单实用的方法就是采用电容降压式电源。

电路设计时,应先测定负载电流的准确值,如表2-1所示。然后选择降压电容器的容量,如表2-2所示。电容降压应用电路图,如图2-1所示。因为通过降压电容C1向负载提供的电流I_o,实际上是流过C1的充放电电流I_C。C1容量越大,容抗X_C越小,则流经C1的充放电电流越大。当负载电流I_o小于C1的充放电电流时,多余的电流就会流过稳压管。若稳压管的最大允许电流I_{dmax}小于I_C-I_o,则易造成稳压管烧毁。为保证C1可靠工作,其耐压选择应大于两倍的电源电压。泄放电阻R1的选择必须保证在要求的时间内泄放掉C1上的电荷。

表2-1 测定负载电流的准确值

电容/μF		0.047	0.1	0.22	0.47	1	2.2	4.7
电流/mA	理论值	3.2	6.9	15.2	32.4	69	152	324
	实测值	3.3	7.0	15	32.5	70	152	325

表2-2 C1、R1的取值

C1容量/μF	0.47	0.68	1	1.5	2
泄放电阻R1取值	1MΩ	750kΩ	510kΩ	360kΩ	200～300kΩ

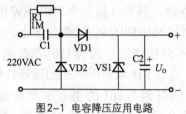

图2-1 电容降压应用电路

(2) 电子节能灯原理介绍

本例采用38颗高亮LED作为光源,利用市电经阻容降压后进行供电,具有电路原理简单、元件种类少、安装方便等特点,非常适合电子初学者制作。同时这款套件外形设计美观,灯头采用标准螺口(E27)设计,能与家用螺口灯座(E27灯座)直接相接,制作好的电子节能灯可作为家用照明灯使用,3.5W的电功率就相当于40W白炽灯的亮度,节能效果显著。其电路原理图如图2-2所示。

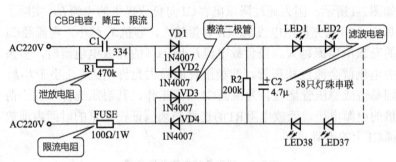

图2-2 电子节能灯电路原理图

(3) 元器件清单

器件和材料,如表2-3所示。

表2-3 器件和材料的参数

序号	标号	名称	参数	数量	备注
1	R1	电阻	470kΩ	1	1/4W
2	R2	电阻	200kΩ	1	1/4W
3	FUSE	1W电阻	100Ω/1W	1	

续表

序号	标号	名称	参数	数量	备注
4	VD1～VD4	二极管	1N4007	4	
5	C1	瓷片电容	334/400V	1	耐压大于400V以上，选择涤纶或纸介质电容
6	C2	电解电容	4.7μF/400V	1	
7	LED1～LED 38	LED	$\phi 5$白光	38	草帽灯珠
8	—	导线	0.1×8	2	
9	—	灯板	圆形	1	
10	—	电源板	长方形	1	
11	—	外壳	—	1	
12	—	塑胶粒	—	2	

（4）电路制作

➢ 安装整流二极管时要注意二极管正负极性方向，线路板上标识加横线处与二极管上的横线对应，泄放电阻R1安装于降压电容下面，焊好后再装C1，降压电容采用卧式安装，其位置置于整流二极管上方，焊前先折好引脚，否则一旦引脚剪得过短，将无法折弯，如图2-3所示。

图2-3 安装电源板

➢ 安装发光管（LED）时注意线路板上的符号标识，其中圆弧缺角部分与发光管上的缺角对应，焊接时，先焊中心的管子，焊完后剪脚，再焊外面一圈的管子，否则外圈发光管引脚会挡住里面管子的焊接，如图2-4所示。

图2-4 安装发光管

> 电源板装入灯座时,元件面朝下,放平后用电烙铁将塑胶粒熔化于线路板的两个对角处,固定线路板不要移动,直到塑胶粒冷却定型。如图2-5所示。

图2-5 固定线路板

> 将灯板放在灯杯内,装上灯罩,LED灯就做好了,如图2-6所示。

图2-6 电子节能灯

注意:全部元件安装完成后,应仔细检查,确认元件安装无误后便可以通电检测;本实例采用的是220V供电,调试时不要用手去碰任何导电部分。如果有条件可以用隔离变压器进行调试。如果没有E27灯头固定冶具,购买请买固定好灯头的灯具外壳。

实例 2 LED调光台灯

LED调光台灯光源改变传统的白炽灯泡，采用1W大功率与ϕ5mm小功率发光二极管混合型组件，调光电路也别具一格为触发器调光电路，结构简单加一片运放，实际照度不亚于25W白炽灯，具有节能、可靠和使用寿命长等特点。

（1）电路原理

电源取自变压器T加上桥式整流VD1～VD4将市电220V变为直流14V工作电源。运放A1与稳压器IC1组成基准电压供运放A2以及外围电阻R3～R6等组成触发器电路的同相输入基准电压，而反相输入经电阻R9取样，与同相输入作比较，使其输出端脉冲宽度由基准电位器RP调节，并经过驱动三极管VT1和功率三极管VT2放大后点亮LED1～LED28发光二极管组件，控制电位器RP即可控制电流大小，完成实际上的调光功能。这里，续流二极管VD5与储能电感使输出电流平稳。LED调光台灯电路原理图如图2-7所示。

（2）元器件要求

电源变压器T可以采用常用市售规格为8V·A 10V。LED组件LED1～LED12和LED16～LED28为ϕ5mm草帽形白光，两边各12枚，总共24枚；LED13～LED15为1W大功率LED，也为白光。PCB板采用铝基板，另加装合适铝散热器以增加散热效果。运放A1与A2为双运放LM358。IC1稳压器为TL431，稳压值为2.5V，其余电阻、电容为常规配置。

电感L1选取外径为ϕ15mm高频磁环用ϕ0.25mm漆包线穿绕40T即可。限流电阻R9功率为1W，阻值选取2.2～3.0Ω。

（3）调试

开启电源之后，在电容C1两端可测得直流14V电压，满负荷时为10.5V。发光二极管组件总电流由R9决定，选取适当值，保证流过LED13～LED15工作电流不少于350mA（一般情况下电流为320 mA），两边φ5mm草帽形的每路工作电流不大于20mA，可在LED1～LED12和LED16～LED28各串联一个20Ω的小电阻，以保持工作电流正常。市电输入端应安装电源开关，规格自选。

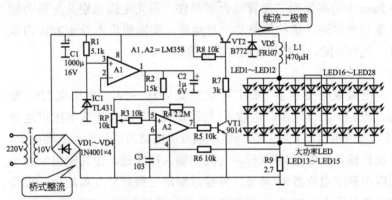

注：设计时将电路分成两部分，一部分为电源与控制部分，另一部分为灯板部分。

图2-7 LED调光台灯电路原理图

（4）元器件清单（表2-4）

表2-4 LED调光台灯电路元器件清单

序号	标号	元件名称	型号规格	数量	备注
1	T	变压器	8V·A 10V	1	
2	VD1～VD4	二极管	1N4007或1N4001	4	
3	VD5	二极管	FR107	1	
4	IC1	集成电路	TL431	1	
5	A1、A2	集成电路	LM358	1	LM324代替
6	R1	电阻	5.1kΩ	1	1/4W

续表

序号	标识	元件名称	型号规格	数量	备注
7	R2	电阻	15kΩ	1	1/4W
8	R3、R5、R6、R8	电阻	10kΩ	4	1/4W
9	R4	电阻	2.2MΩ	1	1/4W
10	R7	电阻	3kΩ	1	1/4W
11	R9	电阻	2.7Ω	1	1W
12	RP	电位器	10kΩ	1	
13	C1	电解电容	1000μF/16V	1	
14	C2	电解电容	1μF/6V	1	
15	C3	瓷片电容	103/50V	1	
16	VT1	三极管	B772	1	
17	VT2	三极管	9014	1	8050代替
18	LED1～LED12 LED16～LED28	LED	$U_F = 3.2 \sim 3.4V$ $I_F = 20mA$	24	ϕ5mm草帽形白光
19	LED13～LED15	LED	$U_F = 3.2 \sim 3.4V$ $I_F = 350mA$	3	1W大功率LED

实例 3. 快速电池充电器

本节介绍一款可同时完成二节5号或7号可充电电池进行充电的小型快速充电器，配有充电指示灯对充电状态进行指示，当电池电量不足时，指示灯较亮，随着电量的不断补充，指示灯的亮度不断下降，当充电完成后，指示灯熄灭。该充电器具有先大电流快充，后小电流慢充的自动调节功能，对充电电池具有较好的保护作用。

(1) 电路工作原理介绍

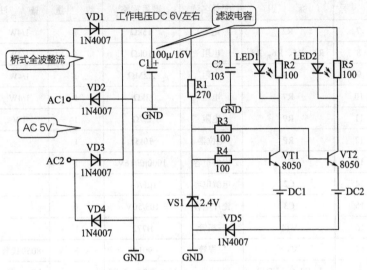

图 2-8 充电器原理图

充电器原理图如图 2-8 所示。市电 AC 220V 经电源变压器降压到 AC 5V 后从 AC1 和 AC2 端接入，经由 VD1～VD4 组成桥式全波整流，电容滤波后为充电器提供电源。电源经电阻 R1 向三只充电开关三极管提供基极电流，稳压二极管 VS1 始终将两只三极管的基极电压保持在 2.4V 左右，当接入充电电池后，充电回路被接通。以 DC1 为例，由于三极管 VT1 的发射极电压决定于电池的电压，基极电压又保持在稳定值上，当电池电压较低时，加于三极管 VT1 发射结上的电压就大，集电极充电电流较大，发光二极管亮度也大。随着电池电量的不断补充，电池电压不断升高，加于三极管 VT1 发射结的电压不断下降，充电电流就不断减小，当电流电量充足后，三极管 VT1 的发射极电位高于基极电位，三极管 VT1 截止，充电结束，充电指示灯熄灭，这时即使忘记将电池取下，也不会因为过充电而损坏充电电池。对于 DC2 的充电情况，与前述过程基本一致，因此本充电器具有在整个充电过程都能根据电池的电量自动调充电电流的功能。

（2）充电器元器件清单（表2-5）

表2-5 充电器元器件清单

序号	标号	元件名称	型号规格	数量	备注
1	R1	电阻	270Ω	1	1/4W
2	R2～R5	电阻	100Ω	4	1/4W
3	C1	电解电容	100μF/16V	1	
4	C2	瓷片电容	103/50V	1	
5	VD1～VD5	二极管	1N4007	5	
6	VS1	稳压管	2.4V	1	
7	LED1、LED2	发光管	φ3红	2	
8	VT1、VT2	三极管	8050	2	
9	—	电池正极片	—	2	
10	—	电池负极弹簧	—	2	
11	—	变压器	AC 220V/AC 5V	1	
12	—	电源插头	—	2	
13	—	插头簧片	—	2	
14	—	插头固定弹簧	—	2	
15	—	充电器外壳	—	1	
16	—	线路板	单面	1	
17	—	自攻螺钉	2.6×10	3	
18	—	自攻螺钉	2.5×6	1	
19	—	自攻螺钉	3×8/3×6	2	

（3）电路制作

> 二极管和三极管在安装时，一定要注意极性不要插反，严格按线路板上的标识或丝印插装。
> 瓷片电容和电阻没有方向，因此只要按具体位置安装即可。
> 电解电容安装时注意极性，在没有剪脚前，电解电容两个引脚中，长的一根为正，短的为负，安装时需特别注意。
> 电池正极片安装时，先上一下锡，同时在线路板上也上好锡，安装的方向与其他元件相反，伸出部分应在线路板的焊接面，

焊接时由于这个器件面积大,注意不要烫手。实际安装时,最好用钳子夹住金属部分让其定位,然后再进行焊接,由于金属部分面积大,散热快,因此有条件的话最好用一把60W的电烙铁进行焊接,这样焊的时间较短,不容易损坏线路板。

➢ 对于几个较高的元件,安装时全部采用卧式安装,否则装入盒子时会顶住外壳。

元件全部安装好后如图2-9所示。

图2-9 元件全部安装好后电路板

(4)调试说明

本制作只要安装无误,都能一次成功,接通电源,测量VS1两端电压,正常时为2.4V,取一节电量不足的7号可充电电池,装入充电座上,可看到充电指示灯较亮,经过一个多小时的快充电后,指示灯的亮度会不断下降,具体的时间也因电池的性能不同而长短不一,直到最后,充电指示灯会熄灭,这时取下电池进行测量,电压应不低于1.3V。本充电器制作套件实用性较强,作为家用电池的快速充电器具有较高的性价比,实际安装完成的充电器外观如图2-10所示。

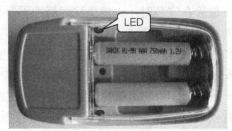

图2-10 充电器外观

实例 4. 直流可调稳压电源

在业余条件下进行电子制作，拥有一个可调压的稳压电源是非常有用的，市面上的可调稳压电源价格一般都在百元以上，但对于业余电子爱好者来说，实用是最主要的。现在介绍一款可调压的稳压电源，输出电压范围为 DC 3～12V，最大输电流为 500mA，可以满足业余制作中的电源使用要求。

（1）电路工作原理

直流可调稳压电源原理图如图 2-11 所示。直流可调稳压电源主要由整流电路和稳压电路两个主要部分组成，稳压电路接在整流电路和负载之间，采用了三端可调稳压集成电路 LM317 作为主芯片，使得该稳压电源的电路非常简单。

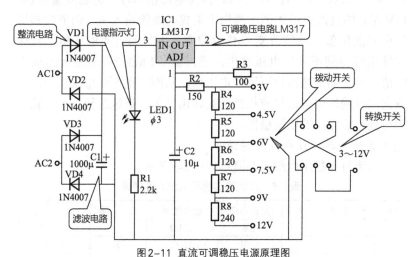

图 2-11 直流可调稳压电源原理图

在介绍直流可调稳压电源电路的工作原理前先介绍一下三端可

调稳压集成电路LM317的工作原理。典型应用电路如图2-12所示。

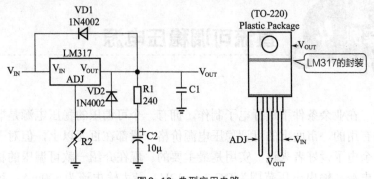

图2-12 典型应用电路

其输出电压与电阻的关系为

$$V_{OUT} = 1.25\text{V}\left(1+\frac{R_2}{R_1}\right) + I_{ADJ}R_2 \quad (2\text{-}1)$$

从式（2-1）知道，当改变R2的阻值时，就可以得到不同的输出电压值。

交流市电AC 220V经电源变压器降压后，输出电压约为14V左右，经整流和滤波后，点亮LED作为电源指示灯。将滤波输出DC 17V左右的直流电压加到三端稳压集成电路的输入端，调节控制端的电阻的阻值，就能改变LM317控制端ADJ的对地电压值，从而在输出端得到不同的电压输出。通过调节LM317控制端ADJ的电压值，可使输出端输出不同的电压值，从而实现可调稳压输出。在输出端该稳压电源还接有极性转换输出开关，通过选择，可使输出端得到正负相反的电压极性。

（2）直流可调稳压电源元件清单

直流可调稳压电源元件清单如表2-6所示。

表2-6 直流可调稳压电源元件清单

序 号	标 号	元件名称	型号规格	数 量	备 注
1	R1	电阻	2.2kΩ	1	1/8W
2	R2	电阻	150Ω	1	1/4W
3	R3	电阻	100Ω	1	1/8W
4	R4～R7	电阻	120Ω	4	1/8W

续表

序 号	标 号	元件名称	型号规格	数 量	备 注
5	R8	电阻	240Ω	1	1/8W
6	C1	电解电容	1000μF/25V	1	电解电容的耐压
7	C2	电解电容	10μF/25V	1	
8	VD1～VD4	二极管	1N4007	4	1N400X代替
9	LED1	发光管	φ3红	1	
10	IC1	集成电路	LM317	1	
11	—	变压器	AC220V/AC12V	1	
12	—	转换开关	—	1	
13	—	十字线	—	1	
14	—	外壳	—	1	
15	—	标签贴纸	—	1	
16	—	线路板	—	1	
17	—	自攻螺钉	3×14	2	
18	—	自攻螺钉	2.6×6	1	

(3) 安装与调试

先将所有元件按要求焊接在印制板上，注意焊接顺序及焊接的时间，防止损坏元件，只要焊接无误一般都能正常工作。特别是三端稳压集成电路LM317的焊接，不能将方向焊反，同时，由于该产品的外壳为塑料材料制成，在焊接变压器电源端引线时必须掌握技巧，先将插头铜片用刀刮开，然后用松香等助焊剂将刮好的铜片上锡，操作过程时间要短，否则极易使塑料熔化，待上好锡的铜片冷却后，再进行变压器引线的焊接。由于盒子空间比较小，在安装大体积元件时，三端稳压器LM317安装时应斜放，让其最高处伸出变压器下面的凸出空间内，1000μF滤波电容体积较大，实际安装时，应焊于线路板焊接面（铜箔面），即与其他元件背向而装（其他都是插在丝印面），焊好后横放，否则盒子将无法盖上。安装的元件布置图与安装调试好后的实物图如图2-13、图2-14所示。

图2-13 焊好元件的线路板元件正面

注:由于LM317比较高,实际制作时需按图2-13的角度进行布局,否则容易顶住塑料外壳。

图2-14 滤波电容安装

将变压器及电路板装于塑料盒中,连接变压器的输入/输出引线。将电源指示LED从外壳的孔中穿出并固定好,直流可调稳压电源就完成了,如图2-15所示。

图2-15 直流可调稳压电源

实例5. **手机万能充电器**

采用分立元件设计，开关电源供电，电子元件数量适中，具有制作成功率高、电路可靠、体积小、重量轻、效率高等优点。电源部分电路，具有典型的开关电源特点，且电路简单，原理清晰，具有较高的实用性，能对充电容量为250～3000mA锂离子、镍氢手机电池进行充电。电池处于不同状态有不同颜色的指示灯进行显示，非常直观。内设自动识别线路，可自动识别电池极性。输出电压为标准4.2V，能自动调整输出电流，使电池达到最佳充电状态，延长电池的使用寿命。

（1）电路工作原理

手机万能充电器，如图2-16所示。

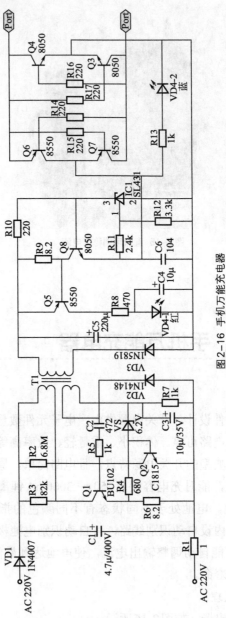

图2-16 手机万能充电器

(2) 手机万能充电器材料清单 (表2-7)

表2-7 手机万能充电器材料清单

序号	标号	元件名称	型号/规格	数量	备注
1	R1	电阻	1Ω	1	1/8W
2	R2	电阻	6.8MΩ	1	1/8W
3	R3	电阻	82kΩ	1	1/8W
4	R4	电阻	680Ω	1	1/8W
5	R5、R7、R13	电阻	1kΩ	3	1/8W
6	R6、R9	电阻	8.2Ω	2	1/8W
7	R8	电阻	470Ω	1	1/8W
8	R10、R14~R17	电阻	220Ω	5	1/8W
9	R11	电阻	2.4kΩ	1	1/8W
10	R12	电阻	3.3kΩ	1	1/8W
11	C1	电解电容	4.7μF/400V	1	
12	C2	瓷片电容	472	1	100V
13	C3、C4	电解电容	10μF/35V	2	
14	C5	电解电容	220μF/35V	1	
15	C6	瓷片电容	104/50V	1	
16	VD1	二极管	1N4007	1	
17	VD2	二极管	1N4148	1	
18	VS	稳压二极管	6.2V	1	
19	VD3	二极管	1N 5819	1	
20	VD4	双色发光管	φ5	1	红蓝
21	Q1	三极管	BU102	1	
22	Q2	三极管	C1815	1	
23	Q3、Q4、Q8	三极管	8050	3	
24	Q5、Q6、Q7	三极管	8550	3	
25	IC1	并联稳压器	SL431	1	
26	T1	变压器	—	1	
27	—	导线	0.1×6	2	
28	—	自攻螺钉	2.3×8	2	
29	—	外壳	—	1	
30	—	线路板		1	

(3）安装注意事项

➢ 由于线路板设计尺寸比较小巧，因此大部分元件采用卧式安装，制作者在安装元件时一定要注意，要先对元器件引脚进行整形，将整形的元器件插到线路板，焊接之后才能对元器件引脚进行剪脚处理。

➢ 二极管、三极管及电解电容安装时一定要注意极性，如果发现线路板上的标识不认识，应仔细核对原理图，确定是什么元器件后方可安装，否则元器件装反将使电路无法正常工作。

➢ 充电电极与引线焊接时，焊接前先用刀片将电极上氧化层刮除，焊接时锡不要太多，焊接时间不要过长，由于外壳是塑料件，温度过高会熔化塑料，造成变形，焊好后用手按动一下正面夹子弹簧，试一试能否灵活运动。

➢ 双色发光管有三个引脚，中间的引脚为公共端，两边两个脚分别对应红蓝光的阳极，焊接时，若无法确定安装方向，可先用数字万用表的二极管挡测试哪个脚是蓝光，哪个脚是红光，然后将蓝光引脚与R13相连的焊点焊接，就可以准确确定双色管的安装方向，由于双色管电气参数不一样，因此反装的话将使充电器无法正常工作，若装好后接上电板，没有插上市电也出现红灯闪亮，说明双色管的方向装反，可拆下双色管换个方向，重装并试机。

➢ 由于市电引入脚与线路板的连接是通过插头极片完成的，如果安装接触不良的话，将使充电器无法正常工作，在线路板焊接时必须在安装电极的线路板上上锡（线路板上可看到几条铜线没有上阻焊层的），放入外壳前，先将引脚固定螺钉松开，然后将线路板平整地放入外壳中，再拧紧固定螺钉，这步完成后，再用万用表电阻挡测量引脚与线路板是否接触可靠，若电阻无穷大，应仔细调整。

手机万能充电器外形如图2-17所示。

图2-17 手机万能充电器

（4）功能调试

> 全部元件安装完成后，应仔细检查，确认元件安装无误后便可以通电检测。

> 由于本电路采用的是AC 220V供电，从安全的角度考虑，调试时可先用直流电源进行充电电路的调试，其方法如下。

准备一台输出电流不小于1A的可调直流稳压电源，将VD3一个引脚与线路板上断开，然后将直流稳压电源调整到输出5.6V，接于C5两端，此时可以看到蓝色指示灯亮，取一手机电板，将充电电极引脚间距调整到正好与电板上的正、负极距离相当，松开充电夹子，将电板放入其中，若电板电量不足，此时可看到充电红灯闪亮，如果符合这些规律，说明充电电路基本正常。

> 所有元件全部装好，接入市电进行测试。注意此时手不要去碰开关电源部分元件，否则容易发生触电事故。用万用表测量C5两端电压，正常应在5.6～6V间（由于元件参数不同，实际电压值也略有差别），测量充电电极间电压，应为4.3V左右，极性是随机的，当接上电板后，C5两端电压在5.2～5.5V间，而充电电极间的电压则为电板两端电压值。

> 将需要充电的手机电池装上充电器，蓝色指示灯亮，插上市电，此时可看到蓝灯常亮，红灯闪亮，这表示充电器正对电池进行充电。当电板电量充足后，红灯停止闪亮，蓝灯常亮。若整个过程符合上述规律，便可判断充电器工作正常。

实例 6 七人智力抢答器

抢答器是为智力竞赛参赛者答题时进行抢答而设计的一种优先判决器电路，竞赛者可以分为若干组，抢答时各组对主持人提出的问题要在最短的时间内作出判断，并按下抢答按键回答问题。当第一个人按下按键后，则在显示器上显示该组的号码，同时电路将其他各组按键封锁，使其不起作用。回答完问题后，由主持人将所有按键恢复，重新开始下一轮抢答。

抢答器应包括输入开关、声光显示、判别组控制以及组号锁存等部分，如图2-18所示。

（1）优先判决器

优先判决器主要是由74LS148集成优先编码器等组成。该编码器有8个信号输入端，3个二进制码输出端，输入使能端EI，输出使能端EO和优先编码工作状态标志GS。当EI＝"0"时，编码器工作，而当EI＝"1"时，则不论8个输入端为何种状态，输出端均为"1"，且GS端和EO端为"1"，编码器处于非工作状态，这种情况被称为输入低电平有效。当抢答开关$S_1 \sim S_7$中的一个按下时，编码器输出相应按键对应的二进制代码，低电平有效。编码器输出$A_0 \sim A_2$，工作状态标志GS作为锁存器电路的输入信号，而输入使能端EI端应和锁存器电路的Q_0端相连接，目的是为了在EI端为"1"时锁定编码器的输入电路，使其他输入开关不起作用。

（2）锁存器电路

锁存器电路可以用四R-S锁存器74LS279组成。74LS279是由四个基本的R-S触发器构成的锁存电路，$\overline{S}$端为直接置"1"端，$\overline{R}$端为直接置"0"端，通常情况下输入端为高电平，触发器处于保持状态。

锁存器中$\overline{R}$端接主持人控制开关，抢答前，控制开关使锁存器

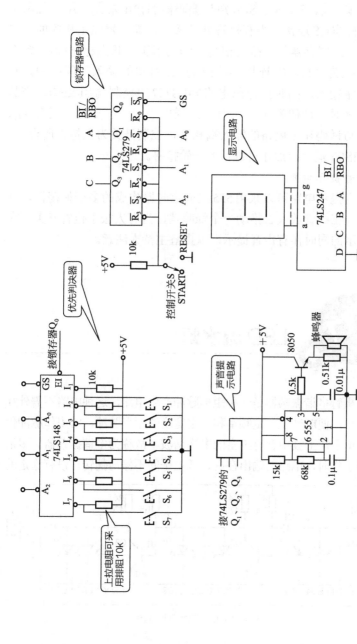

图2-18 七人智力抢答器原理图

输出为零。$\overline{S_1}$、$\overline{S_2}$、$\overline{S_3}$、$\overline{S_4}$分别与编码器的输出端$\overline{A_2}$、$\overline{A_1}$、$\overline{A_0}$和工作状态标志GS连接，当有抢答开关按下，编码器输出相应的二进制代码，经锁存器保持抢答信息。编码器工作状态标志GS使锁存器输出Q_0为"1"，Q_0连接到编码器74LS148的输入使能端EI，封锁其他路输入，同时接译码电路74LS247的控制端$\overline{BI/RBO}$，当其为高电平时，译码器工作，当其为低电平时，字形全"灭"。Q_1、Q_2、Q_3与译码显示电路的输入端相连，控制开关为主持人所设，S打向RESET端复位后才可进行下一轮抢答。

（3）声音提示电路

声音提示电路可以采用555集成定时器构成的多谐振荡器，其输出端经三极管放大去推动一个蜂鸣器，当有人按下抢答开关，在数字显示的同时伴有声音提示，以提醒主持人注意。

LED流水灯

三极管多谐振荡器是一种矩形脉冲产生电路，这种电路不需外加触发信号，便能产生一定频率和一定宽度的矩形脉冲，常用作脉冲信号源。由于矩形波中含有丰富的多次谐波，故称为多谐振荡器。多谐振荡器工作时，电路的输出在高、低电平间不停地翻转，没有稳定的

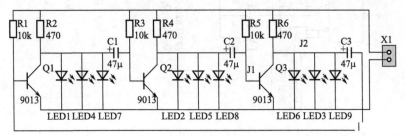

图2-19 LED流水灯原理图

状态,所以又称为无稳态触发器。LED流水灯原理图如图2-19所示。

(1) 电路工作原理

LED流水灯是一个由3只三极管和9只LED组成的循环灯。当电源接通时,3只三极管就要争先导通,但由于元器件有差异(三极管导通时间不一样),只有其中某一只三极管最先导通。假如三极管Q1最先导通,那么三极管Q1集电极电压下降,使电容C1的左端接近零电压,由于电容器两端的电压不能突变,所以三极管Q2基极也被拉到近似零电压,使三极管Q2截止。三极管Q2集电极为高电压,那么接在三极管Q2集电极上的LED就亮了。此刻三极管Q2集电极上的高电压通过电容器C2使三极管Q3基极电压升高,三极管Q3也将迅速导通。因此在这一段时间内,三极管Q1与三极管Q3的集电极均为低电压,只有接在三极管Q2集电极上的LED亮,而其余两只三极管LED不亮。随着电源通过电阻R3对C1的充电,使三极管Q2基极电压逐渐升高,当超过0.6V时,三极管Q2由截止状态变为导通状态,三极管Q2集电极电压下降,LED熄灭。与此同时三极管Q2集电极电压的下降通过电容器C2的作用使三极管Q3的基极电压也下跳,三极管Q3由导通变为截止。接在三极管Q3集电极上的LED就亮了。如此循环,电路中3只三极管便轮流导通和截止,3只LED就不停地循环发光。改变电容的容量可以改变循环灯循环的速度。电路工作电压为DC 3~9V,可以用蓄电池供电或者外接直流电源供电。

(2) 元器件清单(表2-8)

表2-8 LED流水灯元器件清单

序 号	标 号	元件名称	型号规格	数 量	备 注
1	R1、R3、R5	电阻	10kΩ	3	1/4W
2	R2、R4、R6	电阻	470Ω	3	1/4W
3	C1、C2、C3	电解电容	47μF/16V	3	
4	Q1、Q2、Q3	三极管	9013	3	8050/9014代替
5	LED1~LED9	发光二极管	红色	9	
6	J1、J2	导线(自备)			跳线
7	X1	接线座	2P	1	
8		PCB板	50mm×50mm	1	

实例 8 感应式电子迎宾器

现在许多商场或一些品牌专卖店里,经常会在门口看到漂亮的迎宾小姐,让人进门有一种亲切感。随着电子技术的发展,现在采用纯电子技术来实现这一功能的电子迎宾器就随机产生了。

(1) 电路工作原理

利用人走过迎宾器时会产生一个阴影的特点,通过光敏电阻对光线变化,使光敏电阻的阻值发生变化,通过对光敏电阻信号的接收,作为本制作的传感器,感应式电子迎宾器电路原理图如图2-20所示。

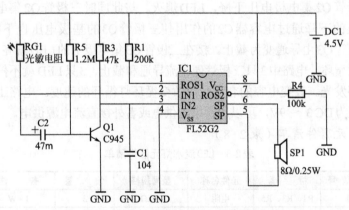

注:在实际制作过程中也采用交流220V供电,具体电源转换电路留给读者自行设计。

图2-20 感应式电子迎宾器电路原理

感应式电子迎宾器采用电池供电,通电后系统进入等待状态。由于光线没有阻挡直接照射在光敏电阻RG1上,则RG1表现出一个电阻值,当人体挡住一部分照射于光敏电阻的光线时,光敏电阻接收到的光线强度发生变化,使RG1的阻值发生变化,流过RG1

的电流经电解电容 C2 耦合，经三极管 Q1 等组成的高增益放大后，输入集成电路 IC1 的反相输入端，这个信号与同相输入端输入的信号在集成电路 IC1 内部经运算放大处理后，形成一个控制信号，驱动集成电路 IC1 内部的音频发生电路工作，产生"您好，欢迎光临！"的音频信号，经 SP1 完成电声转换，使人耳能听到这句问候语。

集成电路 IC1 是一块集信号放大、音频信号发生及功率放大于一体的 CMOS 集成电路，为了减小整个电子迎宾器的尺寸，将所有外围电路全部集成在一块线路板上，其外形如图 2-21 所示。

图 2-21 感应式电子迎宾器电路

（2）感应式电子迎宾器元件清单

感应式电子迎宾器元件清单如表 2-9 所示。

表 2-9　感应式电子迎宾器元件清单

序号	标号	元件名称	型号规格	数量	备注
1	R1	电阻	200kΩ	1	1/4W
2	RG1	光敏电阻		1	
3	R3	电阻	47kΩ	1	1/4W
4	R5	电阻	1.2MΩ	4	1/4W

续表

序 号	标 号	元件名称	型号规格	数 量	备 注
5	C1	电容	104/50V	1	
6	C2	电解电容	10μF/25V	1	
7	Q1	三极管	C945	1	
8	R4	电阻	100kΩ	1	1/4W
9	IC1	集成电路	FL52G2	1	
10	SP1	扬声器	8Ω/0.25W	1	

（3）安装与调试

➤ 光敏电阻的安装　为了让光敏电阻能可靠地安装于盒子里，其制作过程如图2-22所示。

光敏电阻两个引脚从安装座的两个孔穿过后，折弯绕在安装座的两个小耳朵上，然后将感光筒套在安装座上，而光敏电阻的两个引线则从反面折弯的地方焊出

图2-22　光敏电阻安装

➤ 电解电容的安装　由于这个感应式迎宾器比较小巧，因此对元器件的安装应较为紧凑，特别是电解电容C2和三极管Q1，由于尺寸相对较大，焊接时应考虑平放后安装。如图2-23所示。

由于采用了集成封装技术，芯片与电路板直接集成在一起，因此焊接时间不能太长，否则容易损坏集成电路

AG13纽扣电池中间突起的为"负"极，平面的为"正"极，这个在电池上也有标明，正极标有一个"+"符号

图2-23　电解电容与三极管的安装

➤ 引线的安装　本电路制作中，扬声器（喇叭）、光敏电阻及电池与线路板的连接都是通过引线完成的，由于喇叭和光敏电阻在安装时，没有极性之分，因此两根线无所谓方向，但是与电

池的连接，必须注意极性，否则长时间反装的话，容易损坏集成电路。感应式电子迎宾器如图2-24所示。

本制作中，为了感应的效果较好，对光敏电阻采取了吸光处理，即用了一只黑色的圆筒将光敏电阻安装在里面，这样可以更好地接收到感应信号

图2-24 感应式电子迎宾器

实例 9 水箱水位自动控制器

在一些农村，日常生活用水普遍使用井水，为了方便使用，常在屋顶装有水箱，通过水泵将井水抽到屋顶的水箱中储存起来，平时就用水箱中的水，从而达到如自来水一样方便的效果。在使用中经常会发现将水箱中的水用完后才发现水箱中已没水了，此时才去合上水泵电源向水箱中供水，整个过程都需要人工参与，非常麻烦，有时还会一时疏忽而使水箱中的水满溢，弄得整个屋顶都是水。现在介绍一款水箱水位自动控制器，能够实现水箱中的水位低于预定的水位时，自动启动水泵抽水；而当水箱中的水位达到预定的高水位时，使水泵停止抽水，始终保持水箱中有一定的水，既不会干，也不会溢，非常实用、方便。

（1）电路工作原理

电路采用CMOS电路CD4011（内包括四个与非门）作为处理芯片，水箱水位自动控制器原理图，如图2-25所示。

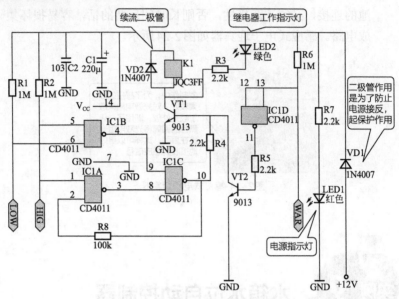

图 2-25 水箱水位自动控制器原理图

直流电压 DC 12V 经二极管 VD1 降压后，一路经 R7 点亮发光管 LED1，作为电源指示灯，另一路作为系统的工作电源。接通电源后，如果水箱中没有水，则两个水位探头经 R1、R2 与正电源相连，即为高电位，IC1 的 4 脚输出低电平，经 IC1C 处理后，10 脚输出高电平，这个高电平一路经 R4 加在 VT1 的基极，使 VT1 饱和导通，继电器得电吸合，启动水泵抽水；另一路经 R8 接到 IC1 的 2 脚，由于高水位探头也为高电平，经与非门处理后，IC1 的 3 脚输出为低电平，将 IC1C 与非门锁住。随着水泵不断向水箱供水，水箱中的水位逐渐升高，当低水位探头浸到水后 IC1 的 6 脚变为低电平，4 脚输出高电平，但此时与非门已被锁住，故而不会影响输出，水泵继续抽水；随着水位的进一步升高，当水位碰到高水位探头时，IC1 的 1 脚和 6 脚都变为低电平，这个变化对 IC1 的 4 脚没影响，而 3 脚却因 1 脚变为低电平，输出为高电平，这样 IC1 的 8、9 脚都是高电平，10 脚便输出低电平，继电器失电断开，水泵停止抽水，同时这个低电平又经 R8 加在 2 脚上，使 3 脚保持高电平。直到水位再次低于低水位探头时,又将重复前述过程,从而对水箱的水位实现自动控制。本电路中设计有故障保护电路,当高水位探针因电极氧化发生故障时,无法发出停机信号,此时水位继续上升,当WAR端探针浸入水中时,将强行使水泵停机,以作为保护之用。

(2)水箱水位自动控制器元件清单(表2-10)

表2-10 水箱水位自动控制器元件清单

序 号	标 号	元件名称	型号规格	数 量	备 注
1	R1、R2、R6	电阻	1MΩ	3	1/4W
2	R3、R4、R5、R7	电阻	2.2kΩ	4	1/4W
3	R8	电阻	100kΩ	1	1/4W
4	C1	电解电容	220μF/16V	1	
5	C2	瓷片电容	103/50V	1	
6	VT1、VT2	三极管	9013	2	8050代替
7	VD1、VD2	二极管	1N4007	2	可以用1N4004代替
8	LED1	发光管	红 φ5	1	
9	LED2	发光管	绿 φ5	1	
10	IC1	集成电路	CD4011	1	
11	K1	继电器	JQC3FF/DC 12V	1	可用工作电压为DC12V继电器代替
12	—	接线柱	301-2T	3	
13	—	自攻螺钉	3×6	4	
14	—	DC插座	金属2.1	1	
15	—	外壳		1	
16	—	线路板	WFS-803	1	

(3)调试与安装

焊接步骤如下。

➢ 电源部分 将二极管和相关元件按线路板上所标的位置焊接好,当焊完LED后,可以对电源部分进行调试。从电源输入端插入稳压电源，看LED是否点亮，若不亮，仔细查看VD1是否焊反。

> 输出部分　电源部分正常后，接下来焊继电器和输出三极管。焊好后，再次通电，用一根导线将正电源和IC1的10脚位置（此时还没焊上集成电路）碰一下，如果能听到一声清脆的继电器吸合声，同时可看到工作指示灯点亮，断开后又能听到另一声音，同时工作指示灯熄灭，表明输出部分也无误。

> 处理部分　经过前面两部分测试工程正常之后，只要焊上IC及相关的电阻就能工作了。制作完成后的水位控制器装于盒子内的位置如图2-26所示。

图2-26　水位控制器

调试：用导线与线路板上的接线端子接好，接上电源，电源指示灯点亮，同时继电器应吸合，然后用手将低水位探头的引出线与地相连，再将高水位探头与地相连，此时继电器断开；接着将高水位探头引出线与地断开，然后再将低水位探头引出线与地断开，此时继电器再次吸合，反复测试几次，如都是按上述规律变化，则说明电路工作正常。试验时，可用一个一次性水杯，将水位线按高低不同放入杯内，然后往杯中加水，就可以模拟整个抽水过程。实际安装时，水位探头选用φ16～20的不锈钢管，这种材料不易生锈，可靠性较好。将探头伸入水箱中与水箱盖固定处要注意绝缘处理。安装可选用一种防水接头来完成，把不锈钢管伸入中间，拧紧就行，φ16～20的不锈钢管配PG21或PG29的防水接头刚好。

用一根两芯屏蔽线作为水位信号的引入线，将屏蔽层与水箱外壳相连，另一头接线路板的地，两根芯线分别连接线路板上的L和

H处，其中L与低水位探头相接，H与高水位探头相接。注意水位信号线要尽量短，太长有可能会受到外界干扰，使系统无法正常工作。最后在继电器的输出端子上接上用于控制水泵电源的引出线，系统就安装完成了。接线图如图2-27所示。

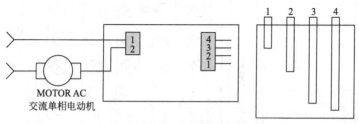

图2-27 水位探头与控制器的接线图

水位探头与控制器的接线按图2-27所示，分别将四根探头通过连线与控制器上的水位接线柱相对应的端子相接，探头线不能太长，最好控制在1.5m以内，过长的话容易引入无线电干扰信号，而使系统无法正常工作。

注：在选择水泵时，应注意水泵的扬程。

实例10 智能彩灯控制器

本彩灯控制器可控制五路彩灯逐行递增点亮，再逐行递减熄灭。若将一定数量的彩色灯组合连接，就能营造出平面上色彩变化的场景，这比通常控制一条线上的色彩流动更加丰富绚丽。

电路工作原理如下。

智能彩灯控制器电路如图2-28所示，主要由非门IC1（CD4069）、计数/时序分配电路IC2（CD4017）、模拟电子开关IC3（CD4066）及D触发器IC4（CD40174）等组成。

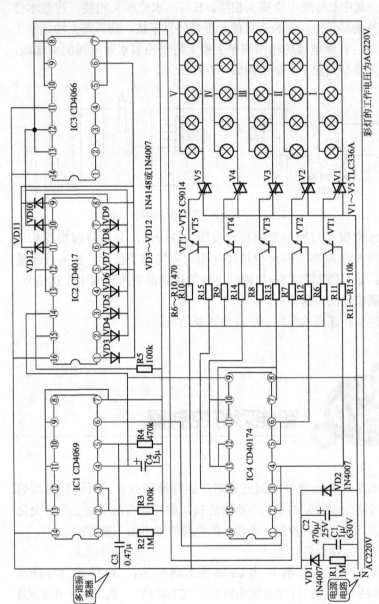

图 2-28 智能彩灯控制器电路

注：没有标明电阻的功率都为1/4W。

CD4069中非门F1、F2和外接电阻R2、R3、电容C4构成多谐振荡器,产生约3Hz的脉冲方波,供给CD4017作计数脉冲和CD40174作移位脉冲。电阻R3、电容C4为振荡频率设定元件,改变元件电阻R3、电容C4的参数可改变振荡信号频率,从而控制彩灯色彩的流动速度,以呈现各种不同的视觉效果。另外,CD4069中的非门F3还作为CD40174复位信号的倒相器。

CD4069是一种高输入阻抗器件,容易受外界干扰造成逻辑混乱或出现感应静电而击穿场效应管的栅极。虽然器件内部输入端设置了保护电路,但它们吸收瞬变能量有限,过大的瞬变信号和过高的静电电压将使保护电路失去作用,因此,CD4069中未使用的非门F4、F5、F6的输入端⑨、⑪、⑬脚均接地,以作保护。

CD4069多谐振荡器输出端⑭脚送出的脉冲串,一路直接送入CD4017的计数脉冲输入端⑭脚。CD4017为十进制计数/时序分配器,用于产生CD4066模拟开关切换的控制信号。Cr为复位端,当Cr端输入高电平时,计数器置零态。CD4017具有自动启动功能,即在电路进入无效状态时,在计数脉冲作用下,最多经过两个时钟周期就能回到正常循环圈中,因此本控制器的CD4017未设置加电复位电路。Co为进位输出端,当计数满10个时钟脉冲时输出一个正脉冲。CD4017有CL和EN两个计数输入端,CL端为脉冲上升沿触发端,若计数脉冲从CL端输入,则EN端应接低电平;EN端为脉冲下降沿触发端,若计数脉冲从EN端输入,则CL端应接高电平,否则禁止输入计数脉冲。取自CD4069的计数脉冲从其CL端⑭脚输入,故EN端⑬脚接地。Y0~Y9为计数器的十个输出端,输出端送出的脉冲方波通过隔离二极管(IN4148)VD3~VD12连接成两路控制信号,加到模拟开关CD4066。

当第一个计数脉冲到来时,CD4017内电路翻转,③脚Y0呈高电平,经二极管VD5加到CD4066⑫脚。CD4066为双向模拟开关,内部含有A、B、C、D四个独立的模拟开关,本控制器使用了其中B、D两个开关。每个开关有一个输入端和一个输出端,这两端可以互换使用。B开关的输入端⑪脚与电源相连,接入高电平;D开关的输出端⑧脚接地；由于两个开关接成串联形式，B开关的输出端⑩脚与D开关的输入端⑨脚相连，作为高、低电平的切换点。另外，CD4066的⑫脚和⑥脚分别为开关B、D的选通端，输入高电平时，开关闭合；输入低电平时，开关断开。开关B在其选通端⑫脚输入的高电平作用下，接通⑪脚和⑩脚，⑩脚变为高电平。与此同时，CD4017其余各输出端Y1～Y9均为低电平，于是CD4066开关D的选通端也为低电平，开关D关断，这样不影响⑩脚的电平状态。

CD4066⑩脚输出的高电平信号直接送入D触发器CD40174的串行输入端③脚。CD40174内部含有6个D型触发器。本控制器将其中的5个连接成串行输入、并行输出的五位移位寄存器。其中D6为最高位触发器，D2为最低位触发器（D1未用），依次排列。每个触发器都有各自的输入端和输出端，高一位触发器的输出端Q与低一位触发器的输入端D相接，只有最高位触发器D6的输入端CD40174③脚接收脉冲信号。CD40174②④脚、⑤⑥脚、⑦⑪脚、⑩⑬脚、⑫⑭脚分别为各相邻触发器输入端和输出端的连接点，作为五位寄存器的并行输出端。各触发器的复位端连在一起，作为寄存器的总清零端。寄存器工作前低电平复位有效，工作开始复位信号应跳变为高电平，并在工作期间一直保持。复位信号是由电容器C3、电阻器R4及CD4069非门F3构成的复位电路提供的。在接通电源瞬间，电源电压经C3、R4微分成一个正脉冲，此脉冲通过非门F3倒相，从CD4069⑥脚输出，送入CD40174复位端①脚，用以完成寄存器工作前的置零任务。随着时间的延续，C3充电结束，在其负极端形成一个稳定的低电平，经F3倒相后来满足寄存器工作期间的需要。各触发器的时钟脉冲输入端也连接在一起，作为寄存器的移位脉冲输入端。

移位脉冲取自CD4069④脚的脉冲串，从CD40174⑨脚输入。在第一个移位脉冲的上升沿，CD40174③脚输入的高电平信号移入触发器D6，寄存器的输出端状态由初始"00000"变为"10000"，CD40174②、④脚呈高电平。此高电平经隔离电阻R11加到三极管

VT1放大，再从其发射极输出，送入双向晶闸管V1的控制极，驱动V1导通，第Ⅰ路彩灯因其电流回路形成而被点亮。与此同时，寄存器其余的四个输出端均为低电平，双向晶闸管V2～V5无驱动信号而阻断，所控制的四路彩灯Ⅱ、Ⅲ、Ⅳ、Ⅴ不亮。

当第二个计数脉冲到来时，CD4017计数输出端Y1呈高电平。此高电平从其②脚输出，经二极管VD4加到CD4066⑫脚。保持开关B的接通，从而维持CD40174③脚串行输入端的高电平状态。在第二个移位脉冲作用下，寄存器的输出状态由"10000"变为"11000"，CD40174②④脚、⑤⑥脚呈高电平，经三极管VT1、VT2放大，驱动晶闸管V1、V2导通。这样在保持第Ⅰ路彩灯点亮的同时，第Ⅱ路彩灯相继被点亮，而其余三路彩灯则仍为熄灭状态。

当第三个计数脉冲到来时，CD4017计数输出端Y2呈高电平。此高电平从其④脚输出，经二极管VD6加到CD4066⑫脚。开关B继续接通，继续维持CD40174③脚的高电平。第三个移位脉冲使寄存器的输出状态由"11000"变为"11100"，CD40174②④脚、⑤⑥脚、⑦⑪脚同时呈高电平，经三极管VT1、VT2、VT3驱动晶闸管V1、V2、V3导通。第Ⅰ、Ⅱ路彩灯继续点亮，第Ⅲ路彩灯又被点亮。

同理，当第四、五个计数脉冲到来时，CD4017计数输出端Y3、Y4依次呈高电平。CD4066保持开关B的接通，CD40174③脚维持高电平状态。第四、五个移位脉冲使寄存器的输出状态依次为"11110"和"11111"，晶闸管在控制点亮前三路彩灯的基础上，又依次点亮了第Ⅳ、Ⅴ路彩灯。

由此可见，五路彩灯是按逐行递增的方式点亮的。

当第六个计数脉冲到来时，CD4017计数输出端Y5呈高电平。此高电平从其①脚输出，经二极管VD3加到CD4066开关D的选通端⑥脚，接通⑧脚和⑨脚，从而使⑨脚接地。同时，CD4017其余的计数输出端均为低电平，CD4066开关B因此而关断，以防止电源被接通的开关D短路。由于CD40174③脚与CD4066⑨脚直接相连，于是CD40174寄存器的串行输入端变为低电平。在第六个移位脉冲作用下，寄存器的输出状态由"11111"变为"01111"，CD40174②、④脚输出低电平，三极管VT1截止。晶闸管V1失去触发信号，在交流电源过零瞬间自行阻断，第Ⅰ路灯熄灭。而寄存器其余四路输出端的高电平，通过VT2、VT3、VT4、VT5和V2、V3、V4、V5继续控制第Ⅱ、Ⅲ、Ⅳ、Ⅴ四路彩灯点亮。

当第七个计数脉冲到来时，CD4017计数输出端Y6呈高电平。此高电平从其⑤脚输出，经二极管VD7加到CD4066⑥脚，保持⑨脚接地。以维持CD40174寄存器串行输入端的低电平。第七个移位脉冲使寄存器的输出状态由"01111"变为"00111"，CD40174②④脚、⑤⑥脚同时输出低电平，三极管VT1、VT2截止。晶闸管V1因无触发信号而维持其阻断状态；V2因失去触发信号，在交流电源过零瞬间而阻断。第Ⅰ、Ⅱ路彩灯熄灭。而寄存器其余三路输出的高电平，依然控制第Ⅲ、Ⅳ、Ⅴ三路彩灯点亮。

同理，当第八、九、十个计数脉冲到来时，CD4017计数输出端Y7、Y8、Y9依次输出的高电平控制CD4066开关D的接通，维持CD40174寄存器串行输入端的低电平。当寄存器的移位脉冲输入端依次接收到第八、九、十个脉冲时，寄存器的输出状态则依次为"00011"、"00001"、"00000"，第3、4、5位的低电平控制晶闸管V3、V4、V5依次阻断，在第Ⅰ、Ⅱ路彩灯熄灭的情况下，第Ⅲ、Ⅳ、Ⅴ三路彩灯依次熄灭。上述说明五路彩灯是按逐行递减的方式熄灭的。

当计数器CD4017计数满10个脉冲时，其进位端⑫脚输出一个正脉冲，直接反馈到其复位端⑮脚，使计数器复位，然后开始下一轮的计数过程，这样彩灯就周而复始地循环工作。

电路中的电阻器R1，电容器C1、C2，二极管VD1、VD2组成电源电路。AC 220V市电通过电源电路的降压、整流、滤波及稳压处理，变换成比较稳定的DC 12V低压，为各个三极管和集成电路提供工作电压。

第 3 章

趣味电子小制作

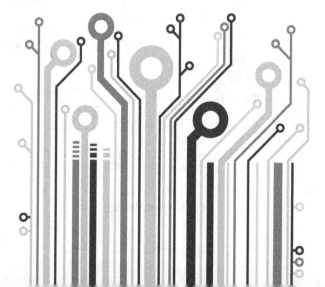

 无线和弦音乐门铃

无线音乐门铃的制作在许多电子类报刊、杂志上都介绍过，市面上也有许多音乐芯片配置了多曲可选的音乐，由于考虑到大部分初学者没有接触过音乐芯片，在制作中非常容易将音乐集成电路损坏。本节介绍的多曲音乐片，属专用芯片。为了提高广大初学者的动手能力及电子技术制作水平，本电路采用通用型的音乐芯片作为构成音乐电路的基础，采用了目前市面上最为通用的BJ-15或9300型音乐芯片推动发声器件发声。

（1）电路原理介绍

无线和弦音乐门铃电路原理图，分别如图3-1、图3-2所示。

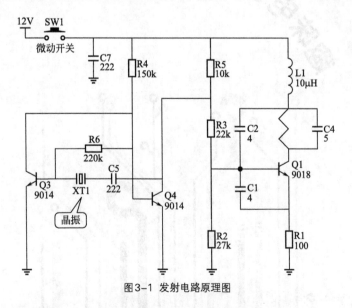

图3-1 发射电路原理图

现在对发射电路原理进行简单的介绍，Q3、Q4、XT1等元件构成低频信号振荡电路，其频率值由晶振XT1、C5等元件决定，Q1、C1、C2、C4等元件构成电容三点式高频振荡电路，低频信号产生的信号经R3注入Q1的基极，对高频信号进行调制，经调制后的载波信号，由线路板上的天线向空中发射出去，作为无线遥控门铃的遥控控制信号。

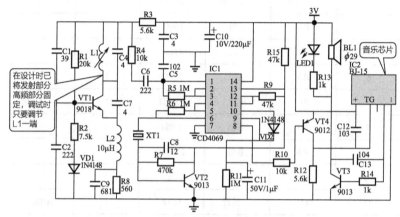

图3-2 接收电路原理图

VT1及相关元件构成超再生检波电路，L1、C4组成选频网络，当L1、C4组成的并联谐振频率与发射端一致时，其阻抗最大，具有最大的增益，而其他频率的无线信号由于失谐，将得不到有效的放大，因而被抑制。发射的遥控信号经超再生检波后从并联谐振端输出，经R4、C6耦合送入非门电路进行放大，经二级负反馈放大后，从IC1的6脚输出，XT1、VT2等组成选频放大电路，接收电路的谐振频率与发射端的调制频率一致，只有发射器发送的信号才具有最小的阻抗，其余干扰信号表现较高的阻抗，衰减严重。发射端发射的控制信号被选频网络电路接收后，经VD2、R11、C11等组成的单稳电路锁存，控制VT4导通，向音乐电路IC2送出一个触发信号，使音乐电路工作，播放一首曲子，当一首歌曲完成后，若没有再按发射器，音乐停止，系统自动进入守候状态。

(2) 元器件清单（表3-1和表3-2）

表3-1 发射板元器件清单

序号	标号	元件名称	参数或型号	数量	备注
1	C1、C2	瓷片电容	4pF/50V	2	
2	C4	瓷片电容	5pF/50V	1	
3	C5、C7	瓷片电容	222/50V	2	
4	R1	电阻	100Ω	1	
5	R2	电阻	27kΩ	1	
6	R3	电阻	22kΩ	1	
7	R4	电阻	150kΩ	1	
8	R5	电阻	10kΩ	1	
9	R6	电阻	220kΩ	1	
10	L1	电感	10μH	1	
11	Q1	三极管	9018	1	9018H
12	Q3、Q4	三极管	9014	2	9014-C
13	SW1	微动开关	1	1	
14	XT1	晶振	32768Hz	1	
15	—	发射线路板	—	1	
16	—	螺钉	2.5×5自攻	2	
17		电池簧片	正、负	2	
18	—	发射器盒子	—	1	

表3-2 接收板元器件清单

序号	标号	元件名称	参数或型号	数量	备注
1	R1	1/6W电阻	20kΩ	1	
2	R2	1/6W电阻	7.5kΩ	1	

续表

序 号	标 号	元件名称	参数或型号	数 量	备 注
3	R3、R12	1/6W 电阻	5.6kΩ	2	
4	R4、R10	1/6W 电阻	10kΩ	2	
5	R5、R6、R11	1/6W 电阻	1MΩ	3	
6	R7	1/6W 电阻	470kΩ	1	
7	R8	1/6W 电阻	560Ω	1	
8	R9	1/6W 电阻	47kΩ	1	
9	R13、R14	1/6W 电阻	1kΩ	2	
10	C1	瓷片电容	39pF	1	
11	C2、C6	瓷片电容	222	2	
12	C3、C4、C7	瓷片电容	4pF	3	
13	C5	瓷片电容	102	1	
14	C8	瓷片电容	12pF	1	
15	C9	瓷片电容	681	1	
16	C10	电解电容	10V/220μF	1	
17	C11	电解电容	50V/1μF	1	
18	C12	瓷片电容	103	1	
19	C13	瓷片电容	104	1	
20	L1	可调电感	大950μH	1	
21	L2	色环电感	10μH	1	
22	XT1	晶振	32768	1	
23	D1、D2	二极管	1N4148	2	
24	VT1	三极管	9018	1	9018H
25	VT2、VT3	三极管	9013	2	

续表

序 号	标 号	元件名称	参数或型号	数 量	备 注
26	VT4	三极管	9012	1	
27	IC1	集成电路	CD4069	1	
28	IC2	音乐片	BJ-15	1	
29	BL1	扬声器	8Ω 0.25W ϕ29	1	
30	LED1	发光管	ϕ3长脚	1	
31	K1	轻触按键		1	
32	—	电池弹簧片		3	
33	—	连接线	0.1×7	4	
34	—	螺钉	2.5×5自攻	1	
35	—	螺钉	3×6自攻	1	
36	—	接收线路板		1	
37	—	接收器盒子		1	
38	—	塑料胶		3	

（3）电路制作

➢ 焊接发射器线路板时，只要按电路板上所标符号对照原理图就可以完成组装发射器，发射器线路板上的C3标识为补偿电容所留位置，实际安装时不用焊任何元件，因此电路原理图中也未标。发射电路安装完成后，如图3-3所示。

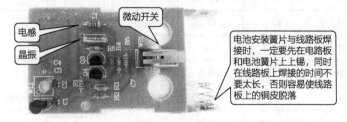

图3-3 发射电路

> 焊接接收器线路板时，只要按电路板上所标符号对照原理图就可以完成组装，其中电路图中的R9为功能测试时所留，实际安装时不用装，所配的元件中也没有配置1MΩ电阻，LED焊接高度必须结合外壳的高度来确定，正常盖上盖子后，正好让其与外壳齐平为好。安装好元件后的接收线路板如图3-4所示。

图3-4 接收线路板

焊接电源及喇叭的接线，如图3-5所示。

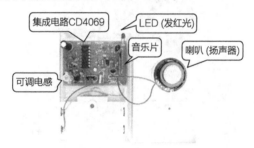

图3-5 焊接电源及喇叭

（4）系统调试

> 发射器的调试：所有元件安装好后，将电路板装入遥控器盒子内，注意检查微动开关是否可听到清晰的开关声。

> 在装入发射器电池后按动遥控器检测是否有高频无线电波发射，一般用收音机或接上电脑音响，当按动遥控器时，可听到"吱、吱"声，这就表明发射部分工作正常，一般情况只要元器件安装正确，元器件焊接时线路板上无连焊或虚焊，都能一次成功。

> 接收器的调试：全部元件安装完成后，将线路板装入塑料外壳

内,电源引线连接时一定要注意极性不要装反。

➢ 装上两节5号电池,短接一下VT4发射极和集电极,正常时可以听到音乐声,若发现不会响,应仔细检查喇叭线是否焊牢,音乐片的引脚是否有虚焊等。

如果以上几项都正常后,便可以进行发射与接收的联调,将发射器放在接收器边上,按动遥控器,若有声音,再将两者的距离加大,再按,若没有反应,用无感螺丝刀调节接收器上的可调电感,直到按下遥控器接收器会响,继续加大距离,用上述方法反复调试,当距离在20m以上都可以可靠进行遥控时,说明遥控门铃的调试工作完成,无线音乐门铃就制作完成了,如图3-6所示。

图3-6 组装好后的门铃

实例12 无线多曲音乐门铃

无线多曲音乐门铃采用无线电技术,用石英晶体(晶振)进行稳频,结合专用音乐集成电路,制作的无线多曲音乐门铃具有性能稳定、音乐动听、制作简单、遥控距离远等特点，安装好后只要按下发射键，门铃就会发出美妙的音乐，无需布线，非常方便。

(1) 电路工作原理

电路如图3-7和图3-8所示。电路工作原理可以结合实例11，读者自己进行分析。

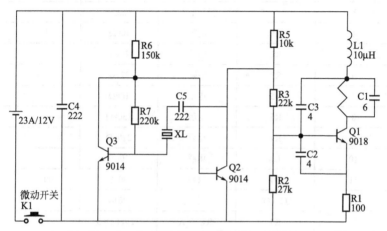

图3-7 发射电路

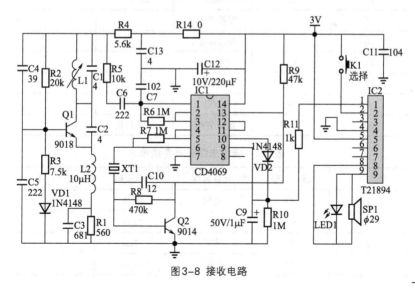

图3-8 接收电路

(2)元器件清单(表3-3和表3-4)

表3-3 发射电路元器件清单

序 号	标 号	元件名称	型号规格	备 注
1	C1	瓷片电容	6pF	
2	C2、C3	瓷片电容	4pF	
3	C4、C5	瓷片电容	222	
4	R1	电阻	100Ω	
5	R2	电阻	27kΩ	
6	R3	电阻	22kΩ	
7	R5	电阻	10kΩ	
8	R6	电阻	150kΩ	
9	R7	电阻	220kΩ	
10	L1	电感	10μH	
11	Q1	三极管	9018	9018H
12	Q2、Q3	三极管	9014	
13	K1	微动开关	12×12×5	
14	XL	晶振	32.768k	
15	—	发射线路板		
16	—	发射器盒子	—	
17	—	按键塑料		
18	—	电池簧片	正、负	
19	—	螺钉	2.5×10	
20	—	螺钉安装座	白色圆柱	

表3-4 接收电路元器件清单

序 号	标 号	元件名称	型号规格	备 注
1	R1	电阻	560Ω	
2	R2	电阻	20kΩ	
3	R3	电阻	7.5kΩ	
4	R4	电阻	5.6kΩ	

续表

序号	标号	元件名称	型号规格	备注
5	R5	电阻	10kΩ	
6	R6、R7、R10	电阻	1MΩ	
7	R8	电阻	470kΩ	
8	R9	电阻	47kΩ	
9	R11	电阻	1kΩ	
10	R14	电阻	0Ω	
11	C1、C2、C13	瓷片电容	4pF	
12	C3	瓷片电容	681	
13	C4	瓷片电容	39	
14	C5、C6	瓷片电容	222	
15	C7	瓷片电容	102	
16	C9	电解电容	50V/1μF	
17	C10	瓷片电容	12	
18	C11	瓷片电容	104	
19	C12	电解电容	10V/220μF	
20	L1	可调电感	—	
21	L2	电感	10μH	
22	XT1	晶振	32.768k	
23	VD1、VD2	二极管	1N4148	
24	Q1	三极管	9018	9018H
25	Q2	三极管	9014	
26	IC1	集成电路	CD4069	
27	IC2	音乐片	T21894	
28	SP1	φ29扬声器	8Ω/0.25W	
29	LED1	φ3红色	—	
30	K1	轻触按键		
31	—	正负弹簧片		
32	—	装饰塑料片		

续表

序 号	标 号	元件名称	型号规格	备 注
33	—	选择开关	塑料	
34	—	连接线	0.1×7两色	
35	—	螺钉	3×6自攻	
36	—	螺钉	2.5×6自攻	
37	—	接收线路板	—	
38	—	接收器盒子	—	
39	—	胶粒		

（3）安装注意事项

> 在制作中，对高频电路部分元件的安装，应尽量让元件靠近电路板，即把元件全部插到底后焊接，焊接采用选用含锡量为63%的焊锡丝。若用到松香助焊剂，一定要保持电路板上的清洁，否则元器件引脚较长及电路板上留有较多的松香，会使电路的分布电容增加，使得高频振荡部分电路不稳定，从而影响整机的性能，可以用洗板水将电路板表面的多余松香洗干净。

> 发射器电池安装簧片与线路板焊接时，一定要先在电路板和电池簧片上上锡，由于电池簧片金属部分面积大，将电池簧片与线路板焊接时，接触面积一定要大，否则装电池时这部分元件会承受较大的机械力，容易松动或脱落，同时也要注意线路板上焊接时间，否则容易造成线路板上的铜皮脱落。

> 发射器线路板安装时，要对按键定位，保持按键的灵活动作，若发现装上线路板后按键卡死，则说明按键定位不准，应调整好后再拧紧线路板上的螺钉。

> 接收器上安装音乐片时，时间不要太长，否则容易损坏器件，先在线路板上上锡，焊接上引脚，将音乐片插入槽中后，先焊住音乐片引出一个脚，然后将位置扶正，待锡固定后松开，接下来将其他引脚全部焊上。

（4）功能调试

> 发射器的调试：所有元件安装好后，将电路板装入遥控器盒子

内，按动微动开关检查是否可听到清晰的开关声。
- 如有频率计或频谱仪等仪器，可在装入发射器电池后按动遥控器检测是否有高频无线电波发射，如没有这些仪器，也可用收音机或接上电脑音响，当按动遥控器时，可听到"吱、吱"声，这就表明发射部分工作正常，一般只要元件安装正确，元件焊接时线路板上无搭锡或虚焊，都能一次成功。
- 接收器的调试：全部元件安装完成后，将线路板装入塑料外壳内，电源引线连接时一定要注意极性不要装反。
- 装上两节5号电池，按动音乐选择按键，正常时可以听到喇叭发出音乐声，每按一次，换一种音乐，一直循环，若发现喇叭不响，应仔细检查喇叭线是否焊牢，音乐片的引脚是否有虚焊等。

以上几项功能调试都正常后，便可以进行发射与接收的联调，将发射器放在接收器边上，按动遥控器，若有声音，再将两者的距离加大，再按，若没有反应，用无感螺丝刀调节接收器上的可调电感，直到按下遥控器接收器会响，继续加大距离，用上述方法反复调试，直到距离在20m以上都可以可靠进行遥控时，说明无线多曲音乐门铃的调试工作完成，如图3-9所示。

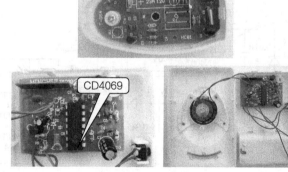

图3-9 无线多曲音乐门铃

实例13 光控自动节能LED灯电路

市面上光控电路负载都是使用白炽灯，尽管是晚上使用，白天停止工作，一年下来电费也很可观。制作的电路使用8只高亮度白光LED，亮度柔和，非常省电、现在是第四代照明主流的方向。

（1）电路原理图

光控自动节能LED灯电路原理图，如图3-10所示。市电220V电压经C3降压，R3泄流，VD1、VD2整流，C2、C1滤波得到平滑的直流电，稳压二极管VS1把电压稳定在直流6V，给芯片MC1455P1G供电，同时也光给光敏电阻供电。白天，光敏电阻RG在光照下阻值很小，MC1455P1G的②脚和⑥脚输入高电平，③脚输出低电平，继电器K不吸合，K1-1的触点不导通，220V的电压没有加到电容C5上，所以LED灯不亮。晚上，光敏电阻RG无光照，阻值很大，MC1455P1G的②脚和⑥脚为低电平，③脚输出高电平，继电器K吸合，K1-1的触点同时导通，C5得到电压后降压，R4泄流确保安全，VD4、VD5整流、C6滤波、VS2将直流电压稳

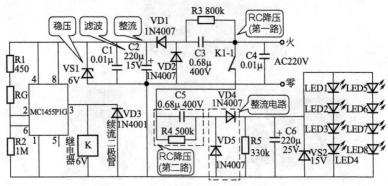

图3-10 光控自动节能LED灯电路原理图

压在15V左右,将8只白光LED点亮。电容C4起滤去高低交流成分、防止干扰家用电器的作用。R5是C6的放电电阻。

注意:

① 光控自动节能LED灯电路中有两个RC降压电路。

② 读者还可以结合实例1进行设计。将灯板RC降压电路改为实例1的降压电路,就可实现3.5W LED灯的光控自动节能。

(2)元件选择与调试

MC1455P1G选用安森美公司的产品,继电器选用工作电压直流6V,光敏电阻RG选用亮阻1kΩ、暗阻1MΩ的,C3、C5选用优质涤纶电容,VS1、VS2选用0.5W优质稳压二极管,LED1～LED8选用ϕ5mm高亮度白光LED(草帽),单只电压在3.0～3.5V之间,工作电流在16～20mA左右。元器件焊好后,先不要急于调试,要先用万用表检查一遍,确认无误后,分清火零线插上电源,把万用表拨到电压挡,测量VD3和VD7是否符合要求,确认电压VS1为6V、VS2为15V,才能调试后面部分。电阻R1可先用电位器调节来确定阻值,也可直接用可调电阻代替。调节时东西罩住光敏电阻RG慢慢地调节,使继电器K吸合,白光LED点亮,然后取掉罩子让RG见光,继电器K不吸合,后面的电路不工作,LED不亮,电路调试完成后即可工作。

实例14 七彩控制灯

七彩控制灯原理图如图3-11所示。七彩控制灯是实现三基色(红、绿、蓝)7种颜色渐变的变化,用场效应管作为输出。场效应管75N06最高电压75V,电流为60A。

七彩控制灯采用EM78P156E作为主控芯片，其工作原理不作说明，有兴趣读者可以自学。

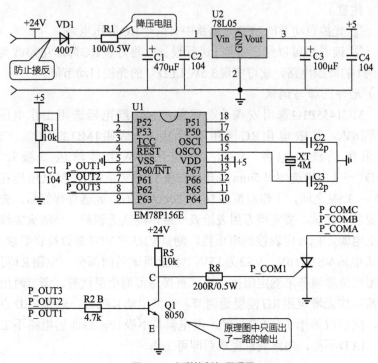

图3-11 七彩控制灯原理图

注：本电路可以实现对RGB灯带或七彩模块进行控制。

以下为程序清单。

```
;****************************************************
;Company:
;Author:
;Model:ex_03
;Version: V0.0
;Date:2011-2-12
;****************************************************
IRA                    EQU    0X00
```

```
TCC             EQU     0X01
PC              EQU     0X02
STATUS          EQU     0X03
FSR             EQU     0X04

P5              EQU     0X05
P6              EQU     0X06
IOCA            EQU     0X0A
IOCB            EQU     0X0B
IOCC            EQU     0X0C
IOCD            EQU     0X0D
IOCE            EQU     0X0E
INTF            EQU     0X0F

;****************************************************
CLOCK_FLAG      EQU     0X10
US100_JS        EQU     0X11
MS_JS           EQU     0X12
MS10_JS         EQU     0X13

DISP_JS         EQU     0X14
DISP_SPEED      EQU     0X15
DISP_CHANNEL    EQU     0X16
RED_DUTY        EQU     0X17
GREEN_DUTY      EQU     0X18
BLUE_DUTY       EQU     0X19

TEMP1           EQU     0X1A
TEMP2           EQU     0X1B
DISP_TIME       EQU     0X1C
```

```
;----------------------------------------
;CLOCK_FLAG
US100_BZ        EQU     0
MS_BZ           EQU     1
MS10_BZ         EQU     2
MS22_BZ         EQU     3
MS100_BZ        EQU     4
ERROR_BZ        EQU     5

;INTF
TCIF            EQU     0
ICIF            EQU     1
EXIF            EQU     2

;STATUS
T               EQU     4
P               EQU     3
Z               EQU     2
DC              EQU     1
C               EQU     0
;********************************************************
                ORG     0X3FF
                JMP     RESET
                ORG     0X000
                JMP     RESET
                NOP
                NOP
                NOP
                NOP
                NOP
```

```
                    NOP
                    NOP
;---------------------------------------------
                    ORG     0X008
INT_CHECK:
                    NOP
                    JBC     INTF,TCIF
                    CALL    CLOCK
                    CLR     INTF
INT_CHECK_END:      RETI
;****************************************************
RESET:
                    WDTC
                    DISI
                    MOV     A,@0XA0
                    MOV     TCC,A
                    MOV     A,@0XFF
                    MOV     P6,A
                    CLR     P5

                    NOP
                    CALL    SYSTEM_SET
                    CALL    RAM_CLR
                    ENI
;****************************************************
MAIN:
                    JBS     CLOCK_FLAG,US100_BZ
                    JMP     MAIN

                    CALL    SYSTEM_SET
```

```
                        CALL    DISPLAY

MAIN_END:               WDTC
                        CLR     CLOCK_FLAG
                        JMP     MAIN
;****************************************************
SYSTEM_SET:
                        MOV     A,@0X40
                        CONTW

                        MOV     A,@0XFF
                        IOW     IOCB
                        MOV     A,@0X08
                        IOW     P6

                        MOV     A,@0XFE
                        IOW     IOCD

                        CLRA
                        IOW     IOCC
                        IOW     IOCE
                        IOW     P5

                        MOV     A,@0X01
                        IOW     INTF

SYSTEM_SET_END:         RET
;****************************************************
RAM_CLR:
                        CLRA
```

```
                    IOW     IOCE
                    MOV     A,@0X10
                    MOV     FSR,A

RAM_CLR_NEXT:       WDTC
                    CLR     IRA
                    INC     FSR
                    JBS     STATUS,Z
                    JMP     RAM_CLR_NEXT

                    MOV     A,@160
                    MOV     RED_DUTY,A
                    MOV     GREEN_DUTY,A
                    MOV     BLUE_DUTY,A
                    MOV     A,@8
                    MOV     DISP_CHANNEL,A
                    MOV     A,@0X23
                    MOV     DISP_SPEED,A

RAM_CLR_END:        RET
;****************************************************
DISPLAY:
                    NOP
                    CALL    DISP_COUNT
                    CALL    DISP_OUT

DISPLAY_END:        RET
;-------------------------------------------
DISP_OUT:
                    INC     DISP_JS
```

```
                MOV   A,@160
                SUB   A,DISP_JS
                JBC   STATUS,C
                CLR   DISP_JS

                MOV   A,DISP_CHANNEL
                CALL  OUT_TAB
                MOV   TEMP1,A
                MOV   A,DISP_CHANNEL
                CALL  CHANGE_TAB
                MOV   TEMP2,A

                JBS   CLOCK_FLAG,MS_BZ
                JMP   DISP_RED
                INC   DISP_TIME
                MOV   A,@22
                SUB   A,DISP_TIME
                JBS   STATUS,C
                JMP   DISP_RED
                CLR   DISP_TIME
                BS    CLOCK_FLAG,MS22_BZ

DISP_RED:       JBS   TEMP1,0
                JMP   DISP_RED_N
                JBC   TEMP2,0
                JMP   DISP_RED_Y
                JBS   CLOCK_FLAG,MS22_BZ
                JMP   DISP_RED_CH
                JBS   TEMP2,4
                JMP   DISP_RED_DEC
```

```
DISP_RED_INC:      MOV   A,@160
                   SUB   A,RED_DUTY
                   JBS   STATUS,C
                   INC   RED_DUTY
                   JMP   DISP_RED_CH
DISP_RED_DEC:      MOV   A,RED_DUTY
                   JBS   STATUS,Z
                   DEC   RED_DUTY
DISP_RED_CH:       MOV   A,RED_DUTY
                   SUB   A,DISP_JS
                   JBC   STATUS,C
                   JMP   DISP_RED_N
DISP_RED_Y:        BC    P6,0
                   JMP   DISP_GREEN
DISP_RED_N:        BS    P6,0

DISP_GREEN:        JBS   TEMP1,1
                   JMP   DISP_GREEN_N
                   JBC   TEMP2,1
                   JMP   DISP_GREEN_Y
                   JBS   CLOCK_FLAG,MS22_BZ
                   JMP   DISP_GREEN_CH
                   JBS   TEMP2,5
                   JMP   DISP_GREEN_DEC
DISP_GREEN_INC:    MOV   A,@160
                   SUB   A,GREEN_DUTY
                   JBS   STATUS,C
                   INC   GREEN_DUTY
                   JMP   DISP_GREEN_CH
DISP_GREEN_DEC:    MOV   A,GREEN_DUTY
```

```
                       JBS    STATUS,Z
                       DEC    GREEN_DUTY
DISP_GREEN_CH:         MOV    A,GREEN_DUTY
                       SUB    A,DISP_JS
                       JBC    STATUS,C
                       JMP    DISP_GREEN_N
DISP_GREEN_Y:          BC     P6,1
                       JMP    DISP_BLUE
DISP_GREEN_N:          BS     P6,1

DISP_BLUE:             JBS    TEMP1,2
                       JMP    DISP_BLUE_N
                       JBC    TEMP2,2
                       JMP    DISP_BLUE_Y
                       JBS    CLOCK_FLAG,MS22_BZ
                       JMP    DISP_BLUE_CH
                       JBS    TEMP2,6
                       JMP    DISP_BLUE_DEC
DISP_BLUE_INC:         MOV    A,@160
                       SUB    A,BLUE_DUTY
                       JBS    STATUS,C
                       INC    BLUE_DUTY
                       JMP    DISP_BLUE_CH
DISP_BLUE_DEC:         MOV    A,BLUE_DUTY
                       JBS    STATUS,Z
                       DEC    BLUE_DUTY
DISP_BLUE_CH:          MOV    A,BLUE_DUTY
                       SUB    A,DISP_JS
                       JBC    STATUS,C
                       JMP    DISP_BLUE_N
```

```
DISP_BLUE_Y:        BC      P6,2
                    JMP     DISP_OUT_END
DISP_BLUE_N:        BS      P6,2

DISP_OUT_END:       RET
;--------------------------------------------
DISP_COUNT:
                    JBS     CLOCK_FLAG,MS100_BZ
                    JMP     DISP_COUNT_END

DISP_COUNT_SPEED:   INC     DISP_SPEED
                    MOV     A,DISP_CHANNEL
                    CALL    SPEED_TAB
                    SUB     A,DISP_SPEED
                    JBS     STATUS,C
                    JMP     DISP_COUNT_END
                    CLR     DISP_SPEED

DISP_COUNT_CH:      INC     DISP_CHANNEL
                    MOV     A,DISP_CHANNEL
                    SUB     A,@9
                    JBC     STATUS,C
                    JMP     DISP_COUNT_END

                    CLR     DISP_CHANNEL
DISP_COUNT_END:     RET
;--------------------------------------------
OUT_TAB:
                    ADD     PC,A
                    RETL    0X01    ;R          0
```

```
            RETL  0X03   ;R+G     1
            RETL  0X03   ;R+G     2
            RETL  0X02   ;G       3
            RETL  0X06   ;G+B     4
            RETL  0X06   ;G+B     5
            RETL  0X04   ;B       6
            RETL  0X05   ;B+R     7
            RETL  0X07   ;B+R+G   8
            RETL  0X07   ;B+R+G   9

SPEED_TAB:
            ADD   PC,A
            RETL  0X0A   ;1S
            RETL  0X23   ;3.5S
            RETL  0X23   ;3.5S

            RETL  0X0A   ;1S
            RETL  0X23   ;3.5S
            RETL  0X23   ;3.5S

            RETL  0X0A   ;1S
            RETL  0X23   ;3.5S
            RETL  0X23   ;3.5S
            RETL  0X23   ;3.5S
CHANGE_TAB:
            ADD   PC,A
            RETL  0X01 ;
            RETL  0X21 ;
            RETL  0X02 ;
```

```
            RETL    0X02 ;
            RETL    0X42 ;
            RETL    0X04 ;

            RETL    0X04 ;
            RETL    0X14 ;
            RETL    0X25 ;
            RETL    0X01 ;

;****************************************************
CLOCK:
            MOV     A,@0XA0
            MOV     TCC,A

            BS      CLOCK_FLAG,US100_BZ
            INC     US100_JS
            MOV     A,US100_JS
            SUB     A,@9
            JBC     STATUS,C
            JMP     CLOCK_END

            CLR     US100_JS
            BS      CLOCK_FLAG,MS_BZ
            INC     MS_JS
            MOV     A,MS_JS
            SUB     A,@9
            JBC     STATUS,C
            JMP     CLOCK_END

            CLR     MS_JS
```

```
              BS      CLOCK_FLAG,MS10_BZ
              INC     MS10_JS
              MOV     A,MS10_JS
              SUB     A,@9
              JBC     STATUS,C
              JMP     CLOCK_END
              CLR     MS10_JS
              BS      CLOCK_FLAG,MS100_BZ
CLOCK_END:    RET
```

;**
END

;**

程序功能说明：程序功能主要是对红、绿、蓝色三种颜色进行7种颜色的变化。对程序的具体功能由读者自行分析。

实例15. 单音乐无线遥控门铃

单音乐无线遥控门铃采用无线电技术，用石英晶体进行稳频，结合专用音乐集成电路，使得本制作具有性能稳定、音乐动听、制作简单、遥控距离远等特点，安装好后只要按下发射键，门铃就会发出美妙的音乐，同时闪光，无需布线，非常方便。

（1）电路原理介绍

单音乐无线遥控门铃电路原理图如图3-12所示。

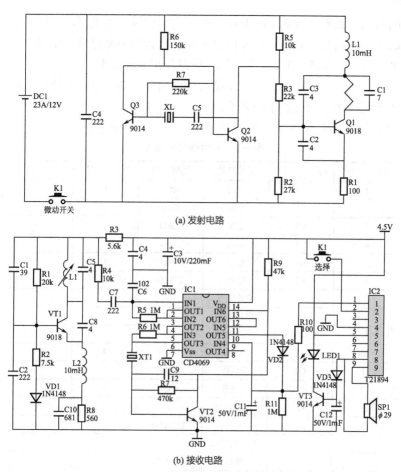

图3-12 单音乐无线遥控门铃电路原理图

发射电路中，Q1及相关元件组成高频振荡电路，形成载波，Q2、Q3及相关元件组成低频调制信号发生器，产生稳定的32768Hz的低频调制波，对高频部分进行调制。接收电路由超再生检波电路、信号放大及音乐电路组成，VT1及相关元件组成超再生检波电路，当发射与接收端中心频率相匹配时，在谐振电路上就输出调制信号，即检出了调制波，经R4、C7耦合后，送入IC1的1脚，IC1为六非门电路，R5为负反馈电阻，检出的信号经二级高增益放大后，经XT1

的带通滤波器,送到VT2基极,在其集电极输出低电平,这样就完成了电平信号的转换,经非门整形后,给音乐电路提供一个触发电平信号,启动音乐电路工作,喇叭中就发出了音乐声。

注意:读者在制作时可以结合前面所学的知识进行对比,了解各个无线遥控门铃的不同之处。

(2)单音乐无线遥控门铃材料清单(表3-5和表3-6)

表3-5 发射板材料清单

序 号	标 号	元件名称	型号规格	数 量	备 注
1	R1	电阻	100Ω	1	
2	R2	电阻	27kΩ	1	
3	R3	电阻	22kΩ	1	
4	R5	电阻	10kΩ	1	
5	R6	电阻	150kΩ	1	
6	R7	电阻	220kΩ	1	
7	C1	瓷片电容	7pF	1	
8	C2、C3	瓷片电容	4pF	2	
9	C4、C5	瓷片电容	222	2	
10	L1	电感	10μH	1	
11	Q1	三极管	9018	1	
12	Q2、Q3	三极管	9014	2	
13	K1	微动开关	1	1	
14	XL	晶振	32768Hz	1	
15	—	发射线路板	—	1	
16		螺钉	2.5×10自攻	1	
17	—	电池簧片	正、负	2	
18		发射器盒子	—	1	

表3-6 接收板材料清单

序 号	标 号	元件名称	型号规格	数 量	备 注
1	R1	电阻	20kΩ	1	
2	R2	电阻	7.5kΩ	1	
3	R3	电阻	5.6kΩ	1	
4	R4	电阻	10kΩ	1	

续表

序号	标号	元件名称	型号规格	数量	备注
5	R5、R6、R11	电阻	1MΩ	3	
6	R7	电阻	470kΩ	1	
7	R8	电阻	560Ω	1	
8	R9	电阻	47kΩ	1	
9	R10	电阻	100Ω	1	
10	C1	瓷片电容	39	1	
11	C2、C7	瓷片电容	222	2	
12	C3	电解电容	10V/220μF	1	
13	C4、C5、C8	瓷片电容	4pF	3	
14	C6	瓷片电容	102	1	
15	C9	瓷片电容	12	1	
16	C10	瓷片电容	681	1	
17	C11、C12	电解电容	50V/1μF	2	
18	L1	可调电感	大950μH	1	
19	L2	电感	10μH	1	
20	XT1	晶振	32.768k	1	
21	VD1、VD2、VD3	二极管	1N4148	3	
22	VT1	三极管	9018	1	9018H
23	VT2、VT3	三极管	9014	2	
24	IC1	集成电路	CD4069	1	
25	IC2	音乐片	T21894	1	
26	SP1	φ29扬声器	8Ω0.25W	1	
27	LED1	发光二极管	—	1	
28	K1	轻触按键	H8.5	1	
29	—	正、负弹簧片	—	4	
30	—	反光金属片	—	1	
31	—	塑料片	蓝色	1	
32	—	选择开关	塑料	1	
33	—	连接线	0.1×7	6	
34	—	连接线	0.1×4	2	
35	—	螺钉	3×6自攻	1	
36	—	螺钉	2.5×6自攻	1	
37	—	接收线路板	—	1	
38	—	接收器盒子	—	1	

（3）安装注意事项

- 制作中，对高频电路部分元件的安装，应尽量让元件靠近电路板，即把元件全部插到底后焊接，焊接时所选用含锡63%的焊锡丝，若用到松香助焊剂，一定要保持电路板上的清洁，否则会使电路的分布电容增加，使得高频振荡部分电路不稳定，从而影响整机的性能。
- 发射器电池安装簧片与线路板焊接时，一定要先在电路板和电池簧片上上锡，电池簧片与线路板焊接时，接触面积一定要大，否则装电池时这部分元件会承受较大的机械力，容易松动或脱落，同时也要控制焊接时间，否则容易使PCB板上的铜皮脱落。
- 发射器线路板安装时，要注意按键的定位，保持按键的灵活动作，若发现装上线路板后按键卡死，说明按键定位不准，应调整好后再拧紧线路板上的螺钉。
- 接收器上安装音乐片时，时间不要太长，否则容易损坏器件。
- 接收器采用4.5V供电，外壳中留有三节电池位置，安装时只需装入三节7号电池即可。

（4）功能调试

- 发射器的调试：所有元件安装好后，将电路板装入遥控器盒子内，按动微动开关检查是否可听到清晰的开关声。
- 检查装入发射器电池后按动遥控器检测是否有高频无线电波发射，可用收音机或接上电脑音响，当按动遥控器时，可听到"吱、吱"声，这就表明发射部分工作正常，一般只要元件安装正确，元件焊接时线路板上无搭锡或虚焊，都能一次成功。
- 接收器的调试：全部元件安装完成后，将线路板装入塑料外壳内，电源引线连接时一定要注意极性不要接反。
- 装上三节7号电池，按一下音乐选择键，正常时可以听到音乐声，若发现听不到音乐声，应仔细检查喇叭线是否焊牢，音乐片的引脚是否有虚焊等。

以上几项调试都正常后，便可以进行发射与接收的联调，将发射器放在接收器边上，按动遥控器，若有声音，再将两者的距离加大，再按，若没有反应，用一字小螺丝刀调节接收器上的可调电感，直到按下遥控器接收器会响，继续加大距离，用上述方法反复调试，直到距离在20m以上都可以可靠进行遥控时，说明遥控门铃的调试工作完成。

遥控门铃如图3-13所示。

图3-13 遥控门铃

实例16 AM/FM两波段收音机

AM/FM两波段收音机采用专用调频收音机集成电路CD9088CB和调幅集成电路TA7642为核心，具有外围元件少、安装调试方便等特点。功放部分采用了直放式电路设计，更加简化了制作难度。

（1）电路工作原理

AM/FM两波段收音机电路原理图如图3-14所示。

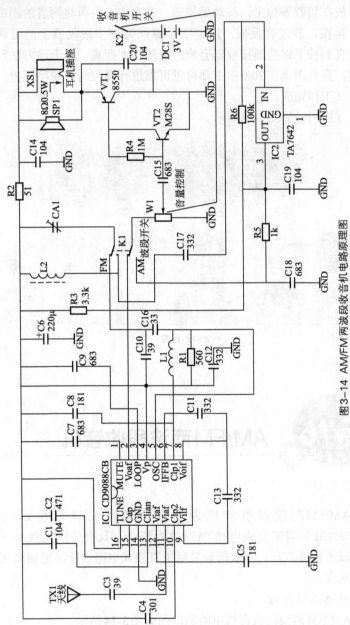

图3-14 AM/FM两波段收音机电路原理图

（2）AM/FM 两波段收音机元件清单

AM/FM 双波段收音机材料清单，如表 3-7 所示。

表 3-7　AM/FM 双波段收音机材料清单

序号	标号	元件名称	型号规格	数量	备注
1	R1	电阻	560Ω	1	
2	R2	电阻	51Ω	1	
3	R3	电阻	3.3kΩ	1	
4	R4	电阻	1MΩ	1	
5	R5	电阻	1kΩ	1	
6	R6	电阻	100kΩ	1	
7	W1	电位器	12mm 20kΩ	1	
8	C1、C14、C19、C20	瓷片电容	104	4	50V
9	C2	瓷片电容	471	1	50V
10	C3、C10	瓷片电容	39	2	50V
11	C4	瓷片电容	301	1	50V
12	C5、C8	瓷片电容	181	2	50V
13	C6	电解电容	220μF/10V	1	
14	C7、C9、C15、C18	瓷片电容	683	4	50V
15	C11、C12、C13、C17	瓷片电容	332	4	50V
16	C16	瓷片电容	33	1	50V
17	CA1	可调电容	—	1	50V
18	VT1	三极管	8550	1	
19	VT2	三极管	M28S	1	
20	IC1	集成电路	CD9088CB	1	
21	IC2	集成电路	TA7642	1	
22	L1	线圈	0.5×2.8×7.5T	1	
23	L2	AM 线圈	135T	1	

续表

序 号	标 号	元件名称	型号规格	数 量	备 注
24	SP1	喇叭	40mm/8Ω	1	
25	K1	波段开关	SS12D07(1P2T)	1	
26	XS1	耳机插座	3507/5脚	1	
27	TX1	拉杆天线	64	1	
28	—	电源插座	DC480	1	
29	—	PVC面板	106C	1	
30	—	音量	PM1.7×4mm3.5帽	1	
31	—	调台	PM1.7×6mm3.5帽	1	
32	—	天线	KM2×4mm3.0帽	1	
33	—	底壳	PA1.7×5mm3.0帽	1	
34	—	底壳	PA1.7×8mm3.0帽	2	
35	—	电池片	205正、负连片	1	
36	—	导线	0.8mm×10mm	6	
37	—	塑胶壳	镜片+指针	1	
38	—	塑胶粒	—	3	
39	—	线路板	WFS-205	1	

（3）电路制作

由于电路为设计较为紧凑，元件全部采用较小的结构，在焊接IC1时最好选用0.5的焊锡丝，同时焊前要确保电路方向正确，焊时先焊一个脚，然后对电路进行定位，无误后再将其他脚焊上。

➢ 耳机插座和电源插座安装时一定要插到底后再焊接，焊时先焊一个脚，然后调整到位后再焊其他引脚。

➢ 调谐电容和音量电位器安装时一定要插到底，同时保证平面与线路板面的平行度，否则装转盘时容易卡壳。

➢ 在电路板上有一处跳线J1，焊接时需特别注意。

➢ 电路板上调幅接收部分需用一根跳线将转换开关处与AM接收部分电路相连，具体位置在线路板上两处均有标识"1"，焊接时直接用一导线将这两点焊起来即可。
- ➢ 线路板上元件全部焊接完成后，装入外壳时，先将调谐指针装上旋钮，然后伸出外壳的显示窗（全部调试完成后最后装上面板上的PVC刻度盘）。
- ➢ AM线圈安装时先将胶粒用电烙铁熔化固定于外壳上，待整机调试完成后，最后将线圈焊于线路板指定位置上，焊时先要对线圈头上用刀片刮去油漆，然后上锡，否则是无法焊于线路板上的，由于线径较细，刮漆时要特别小心；电路制作过程如图3-15所示。

图3-15 电路制作过程

注：在焊接AM线圈时，发果发现焊接不上或不好焊接时，可以用烙铁加锡对漆包线除漆处理。

（4）功能调试

调频波段的调试：装上两节5号电池，将波段开关置于FM位置，接通电源。调节调谐旋钮，调时速度一定要慢，当听到电台声且马上又消失时，表示频率不对，这时应小心地在刚收到台的附近进行搜索，直到收到清晰的电台广播声音，取一台成品调频收音机，使之接收刚才收到的电台，记下频率值，然后将新装收音机的调谐指针也定位在这个频率值附近，拨动本振线圈L1的匝间距离及附近的电容C10、C16与线圈的距离，同时配合调谐旋钮，在附近搜索，直到收到电台并指示相应的频调值；用同样的方法，再在其他频率上进行调试，经过二到三个电台的校准后，可以认为调频部分的本振值已调准，然后将L1、C10、C16这几个元件用蜡封住，防止其位置变动，从而影响电台的准确接收。

调幅波段的调试：将固定于外壳上的AM线圈两头刮漆并上锡后焊于线路板上相应位置上，然后将波段开关置于AM位置上，拨动调谐旋钮，由于AM信号容易受到外界电磁波的干扰，因此收台时需调整收音机的位置，由于AM波段接收电路已全部集成化，因此无需太多的调试，只要调整收音机位置，直到收到台就可以了，实际调试中，只有在市区电台信号较强的台才能收到，在一些偏远地区，有时收台少也属正常。

实例 17. 6管超外差收音机

全硅6管超外差收音机,具有安装调试方便、工作稳定、声音洪亮、耗电省等特点。它由输入回路高放混频级、一级中放、二级中放兼检波、前置低放和功放等部分组成，接收频率范围为535～1605kHz的中波段，供电电压为3V（两节干电池）。

（1）电路工作原理

VT1及相关元件组成高放及混频电路，无线电广播信号经T1选频接收后，从次级输入VT1基极，与本振信号进行混频，其差频信号从T3谐振负载处取出，经耦合，送入VT2基极，进行选频放大，VT3同时具有放大及检波功能，接收到的中频信号经VT3的发射极、C5、RP检波处理后，在RP端输出音频调制信号，RP兼具检波负载电阻和音量控制功能，音频信号从RP滑动端取出，经C6耦合，送入VT4进行音频推动放大，放大后的音频信号经输入变压器耦合后，送入功放电路完成音频功率放大，信号正半周时，电流从C9正端经BL、VT5回到C9负端；信号负半周时，电流从电源正端经BL、C9、VT6流向电源负极，当输入音频信号时，在扬声器中便可以还原出人耳能听到的声音信号。6管超外差收音机电路原理图如图3-16所示。

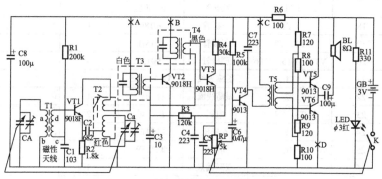

图3-16 6管超外差收音机电路原理图

注：A、B、C、D四处为电流测试点。

（2）元件清单

6管超外差收音机电路元件清单，如表3-8所示。

表3-8 6管超外差收音机电路元件清单

序号	标号	元件名称	型号规格	数量	备注
1	R1	电阻	200kΩ	1	
2	R2	电阻	1.8kΩ	1	
3	R3	电阻	120kΩ	1	
4	R4	电阻	30kΩ	1	
5	R5	电阻	100kΩ	1	
6	R6、R8、R10	电阻	100Ω	3	
7	R7、R9	电阻	120Ω	2	
8	R11	电阻	390Ω	1	
9	RP	电位器	5kΩ带开关	1	
10	C1	瓷片电容	103	1	50V

续表

序号	标号	元件名称	型号规格	数量	备注
11	C2	瓷片电容	682	1	50V
12	C3	电解电容	10μF/16V	1	
13	C4、C5、C7	瓷片电容	223	3	
14	C6	电解电容	0.47μF/16V	1	
15	C8、C9	电解电容	100μF/16V	2	
16	CA	双联电容	CBM-223P	1	
17	LED	发光管	φ3 红色	1	
18	VT1	三极管	9018F	1	
19	VT2、VT3	三极管	9018H	2	
20	VT4、VT5、VT6	三极管	9013	3	
21	T1	磁棒天线	5×13×55	1	
22	T2	振荡线圈	红周	1	
23	T3、T4	中周	白、黑	2	
24	T5	输入变压器	E14型6脚	1	
25	BL	扬声器	8Ω/0.5W	1	
26	—	双联拨盘	—	1	
27	—	电位器拨盘	—	1	
28	—	刻度盘	—	1	
29	—	磁棒支架	—	1	
30	—	正弹簧片		2	
31	—	负弹簧片		2	
32	—	外壳		1	
33	—	导线	0.1×7	5	
34	—	元机螺钉	φ2.5×5	3	
35	—	元机螺钉	φ1.6×5	1	
36	—	自攻螺钉	φ2.5×6	1	
37	—	线路板	WFS-201	1	

（3）电路制作

➢ 由于设计较为紧凑，部分电阻采用立式安装，具体见线路板上标注。

➢ 音量电位器安装时一定要插到底同时放平，否则装好后的拨盘有可能无法灵活转动。

- 两只中周和振荡线圈由于管脚全部一样，因此安装时一定要根据线路板和原理图上的标注对号入座，一旦装错，将影响正常功能。
- 电源指示灯应从焊接面伸出，焊接时引脚需留有足够长度，焊好后从线路板上的缺口处折向焊接面，根据实际安装外壳中的高度进行确定，以拧上固定螺钉后LED正好可伸出外壳中的孔为好。
- 音频输入变压器安装时要仔细查看骨架上的一个白点，安装时应与线路板上所标的白点方向一致。
- 耳机插座在线路板上进行了预留，实际组装时由于问题较多，这里可以不安装，扬声器一端接正电源，另一端与C9正端相接即可，线路板上留有焊接孔。
- 磁性天线安装时注意极性，圈数较多的为初级，少的为次级，方向从左到右依次为a、b、c、d，焊接时与线路板上对应的焊点相连，插入磁棒时，应将初级侧靠近磁棒的外端，安装时若将天线的漆包线剪断过，焊接时必须先刮漆并上锡，然后才能焊上天线，否则容易造成虚焊，影响功能；电路制作过程如图3-17所示。

图3-17 电路制作过程

（4）功能调试
➢ 利用专业仪器调试

中频部分：断开A点，在一级中放VT2的基极注入465kHz的中频调幅信号，断开C6，用示波器测量VT3集电极波形，正常时可以看到检波后的调制波形，先调节白色中周，边调边观察示波器中的波形，可以看到波形幅度的变化，调到某一位置时，波形幅值最大，这时说明本振中周谐振频率被调整到了465kHz上。白色中周调好后，接下来调黑色中周，其调整方法和调白色中周类似，将这两只中周调好后，就说明中放部分已调好。

高频部分：焊好磁性天线，将高频信号发生器调到535kHz，然后将收音机的可变电容调到最底下，使调谐指针对准535kHz位置，调整本振线圈磁芯、天线线圈在磁棒上的位置，直到收到响亮的1kHz音频声，再将高频信号发生器调到1000kHz，通过调整垫整电容CA，使声音最响，最后将高频信号发生器调到1605kHz，将调谐指针调到1605kHz处，调整垫整电容CA，直到收到的1kHz音频信号最响，再返回到低频处进行二次调整，反复三次，完成统调，最后将中周、磁性天线及垫整电容的可调整部分全部封住，这样一台收音机便制作完成。

➢ 利用收音机收到的电台来统调　中周在出厂时已调整好，实际组装时基本不用怎么去调整。在没有专业仪器的情况下，可以用收到的电台信号来完成统调工作。先在低端接收一个电台广播，例如639kHz的广播，移动磁性天线线圈T1在磁棒上的位置，使扬声器中的声音最响，低端统调就算初频完成；接着在高端接收一个电台广播，例如1476kHz的广播，调整天线回路中的补偿电容，使扬声器中声音最响，高端统调初频完成。由于高、低端相互有影响，因此要反复调几次。中段的调整主要由本振回路的垫整电容CA决定，接收一个1000kHz左右的电台广播，变换垫整电容，使扬声器声音最响。

实例18 自动干发器

自动干发器是当今社会的一种时尚洗浴器具,可以烘干湿漉漉的头发、体表的水分,因而受到广大顾客喜爱。现在,笔者就介绍一种由芯片CD4541BE制作的自动干发器。

(1) CD4541BE 的功能

CD4541BE是可编程序振荡/计时器,主要由振荡器、可编程16级二分频器、自动和手动复位电路、计数器、输出状态逻辑控制电路等组成。引脚功能如表3-9所示。封装为DIP-14,如图3-18所示。

表3-9 引脚功能

引脚号	符号	功能	引脚号	符号	功能
1	R_{TC}	外接定时电阻	8	OUTPUT	输出
2	C_{TC}	外接定时电容	9	Q/$\overline{Q}$ SELECT	定时输出高低电平选择端
3	R_S	外接系统调整电阻	10	MODE	定时模式选择
4	NC	空脚	11	NC	空脚
5	AUTO RESET	自动复位	12	A	定时器延时级数控制端
6	MASTER RESET	手动复位	13	B	定时器延时级数控制端
7	V_{SS}	地	14	V_{DD}	电源

由于CD4541BE构成的定时器电路,外围元件少,精度高,范围宽,在自动控制系统中广泛应用。

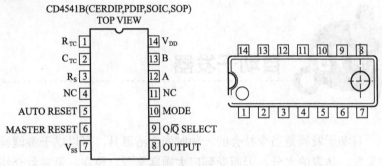

图3-18 CD4541BE封装

(2) 自动干发器的工作原理

自动自动干发器的原理图如图3-19所示。

工作原理如下：AC 220V 的市电经过把手磁吸开关S1、S2，在L线与N线之间接一个安规电容C4（0.22μF/275V）。电路分成两路，一路到风机和发热丝，一路经过电阻R1和电容C1，组成RC降压电路进行降压，经过稳压二极管V1、整流二极管V2，高频旁路电容C2、滤波电容C3及电阻R2共同作用，电压降为11.3V，作为芯片CD4541BE和光耦MOC3021的工作电压。

从图中可知，芯片CD4541BE的第⑤、⑥脚都接低电平，参照CD4541BE功能可知，芯片工作在自动复位状态。芯片CD4541BE的⑨脚都接高电平、⑩脚都接低电平，参照CD4541BE功能可知，芯片工作在单次定时，复位后输出高电平，定时到后输出低电平。

对于芯片CD4541BE⑤、⑥、⑨、⑩脚的功能，可以查阅CD4541BE的数据手册。在这对芯片CD4541BE⑤、⑥、⑨、⑩脚的功能简单介绍一下，如表3-10所示。

表3-10 ⑤、⑥、⑨、⑩脚的功能

引脚号	符号	0（低电平）	1（高电平）
5	AUTO RESET	自动复位有效	自动复位无效
6	MASTER RESET	手动复位无效	手动复位有效
9	Q/$\overline{Q}$SELECT	复位后输出低电平，定时时间到输出高电平	复位后输出高电平，定时时间到输出低电平
10	MODE	单次延时	循环定时

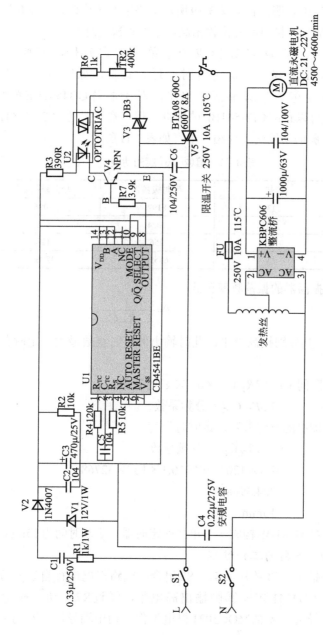

图 3-19 自动干发器电路原理图

由表3-10表明，在如图3-19所示电路中的芯片CD4541BE与周边元件构成了开机自动复位输出高电平的单次定时器。

由于芯片CD4541BE构成一个单次的定时器，就要对芯片CD4541BE构成定时器定时时间进行计算，如图所示，芯片CD4541BE第⑫、⑬脚都接高电平，对于芯片CD4541BE第⑫、⑬脚功能可以查阅CD4541BE的数据手册。在这对芯片CD4541BE第⑫、⑬脚的功能简单介绍一下，如表3-11所示。

表3-11 第⑫、⑬脚的功能

A	B	级数 n	延时级数 2^n	分频系数 2^{n-1}
0	0	13	8192	4096
0	1	10	1024	512
1	0	8	256	128
1	1	16	65536	32768

根据振荡器的振荡频率公式：

$$f=\frac{1}{2.3R_{TC}C_{TC}}$$

而A、B分别接高电平，此时输出的延时级数最大，定时范围也是最宽。

定时时间：$t=2.3R_{TC}C_{TC}\times 0.5\times$ 延时级数

$=2.3R_{TC}C_{TC}\times$ 分频系数

代入图中的元件参数，定时时间为

$t=2.3R_{TC}C_{TC}\times$ 分频系数

$=2.3\times 120\times 10^3\times 0.1\times 10^{-6}\times 32768$

$=904.3968s$

$=15min$

芯片CD4541BE构成一个单次的定时器，定时时间为15min。

（3）自动干发器的工作过程

取下把手，磁吸开关S1、S2闭合，电路得电进行自动复位工作，芯片CD4541BE的⑧脚输出高电平，经过R7驱动三极管V4（S8050）导通，光耦MOC3021得电工作，输出端导通，双向晶闸管BTA08获得触发电压而导通，发热丝开始发热，风机同时开始运转，调节电位器TR2可以控制晶闸管的导通角，从而控制出风的温度和风量，持续工作15min后定时时间到，⑧脚输出低电平，双向晶闸管截止，工作结束。

为了保证使用者的安全，在电路中引入温控器，当发热丝温度超过105℃时，温控器断开，风机与发热丝停止工作。一旦温控器失效，温度急剧上升，当温度超过115℃时，限温熔丝熔断，从而避免发生火灾等事故。

迷你低音炮制作

音箱的制作对于许多电子爱好者来说再熟悉不过了，许多报刊、杂志也都登载过相关制作文章，但在业余条件下要制作一款有源音箱其实也不是件容易的事，特别是想要做出一款外形美观的作品时，更是为找不到合适的外壳而伤透脑筋。现在介绍一款迷你低音炮的制作，可以圆广大电子爱好者制作音箱之梦，这款迷你低音炮采用LM386集成功放电路作为核心部件，电路设计时，对低音部分进行重点处理，达到重低音之功效。本制作在煅炼制作者实践能力的同时，完成后的作品还能作为欣赏音乐的工具，真可谓一举两得。

（1）电路工作原理

迷你低音炮电路原理图如图3-20所示。

LM386为集成功率放大电路，市电AC 220V经变压器降压、桥式整流、电容滤波后，形成一个直流电压，经三端稳压集成电路7909稳压后，输出稳定的9V直流电压，作为整机的工作电源。LED1为电源指示灯，当开关接通后灯便点亮。音频信号经音量电

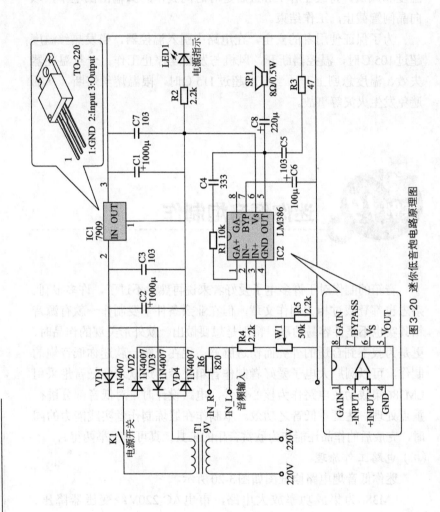

图3-20 迷你低音炮电路原理图

位器后，输入IC2的正相输入端，经内部放大后，从5脚输出被放大的音频信号，驱动扬声器发音。1脚所接为反馈电路，由于对低频部分的反馈较小，因此整个电路对低频部分具有较强的放大能力，达到电路设计之目的。

（2）元件清单

迷你低音炮元器件清单如表3-12所示。

表3-12 迷你低音炮元器件清单

序号	标 号	元件名称	型号规格	数量	备注
1	R1	电阻	10kΩ	1	
2	R2、R4、R5	电阻	2.2kΩ	3	
3	R3	电阻	47Ω	1	
4	R6	电阻	820Ω	1	
5	W1	可调电阻	50kΩ	1	
6	C1、C2	电解电容	1000μF/25V	2	
7	C3、C5、C7	瓷片电容	103	3	50V
8	C4	瓷片电容	333	1	50V
9	C6	电解电容	100μF/25V	1	
10	C8	电解电容	220μF/25V	1	
11	VD1～VD4	二极管	1N4007	4	
12	LED1	发光管	φ3红长脚	1	
13	IC1	集成电路	7909	1	三端稳压器
14	IC2	集成电路	LM386	1	
15	SP1	喇叭	8Ω/0.5W	1	
16	—	胶棒	固定喇叭	1	
17	K1	电源开关	—	1	
18	T1	变压器	9V/3W	1	
19	—	双声道插座		1	
20	—	外壳		1	
21	—	电源线	二芯	1	
22	—	音频输入线	—	1	
23	—	音量旋钮	大	1	
24	—	开关按钮	小	1	
25	—	导线	0.3×10	2	
26	—	自攻螺钉	3×14	4	
27	—	线路板	WFS 203	1	

(3) 安装与调试

电路安装时只要按线路板上所标符号安装，一般都能一次成功，关键是一些机械安装上需要注意一下，下面对安装中容易出现的问题进行说明。

➢ C2安装时，一定要卧式安装，否则由于这个电容高度较高，直装的话会顶住变压器。如图3-21所示。

图3-21 安装电解电容C2

➢ 线路板的固定是靠音量电位器固定螺钉来完成，在固定时注意电源指示灯和电源开关的位置是否对准音箱盒子面板上的孔，同时要将音频信号输入孔对准盒子后面的孔位。
➢ 电源线伸出盒子前先打个结，可防止线被拉出。
➢ 喇叭安装时一定不要把上面的孔位挡住，上面的孔位是固定面板用的，否则面板将无法安装到位，固定面板的孔位如图3-22所示。

全部元件安装好后，将音频信号线插入本音箱，另一头插到音频信号输出设备，如电脑、MP3等，插上电源，打开电源开关，电源指示灯亮，然后转动音量电位器，控制声音的大小，这样，你就可以慢慢地利用自己的劳动成果欣赏音乐了。制作好的迷你低音炮如图3-23所示。

图3-22 固定面板的孔位

图3-23 制作好的迷你低音炮

实例20 分立元件功放制作

在晶体管收、扩音机中,广泛采用推挽功率放大电路,传统的推挽电路总需要输入变压器和输出变压器,这种用变压器耦合的电路存在一些缺点,如由于变压器铁芯的磁化曲线是非线性的,它会使放大电路产生非线性失真；由于变压器的漏磁对电路输入回路、中频回路的寄生耦合，会使整机工作不稳定；特别是由于变压器的存在，严重地影响了电路的频率特性，这是因为变压器绕组的电感量不能做得太大，因此，在低频时感抗较小($X_L=\omega L$)，使低频端增益降低，相反高频部分，由于感抗较大，放大倍数也大，容易产生饱和失真，这样使高、低音都不够丰满。

（1）电路工作原理

本功放电路采用典型的OCL电路设计，它具有稳定性高、频响范围宽、保真度好等优点，其电路原理图如图3-24所示。

由于功放的两个声道电路完全对称，因此只对其中的一路进行说明。VT2、VT3组成差分输入电路，输入的音频信号经放大后，从VT3的集电极输出，R9、VD1～VD3上的压降为VT4和VT7提供直流偏置电压，用于克服两管的截止失真，音频信号经VT4、VT7预推放大后，具有足够的电流强度，然后送入VT5、VT6完成功率放大，信号正半周时，电流从正电源经VT5流向负载后到地，负半周时电流从地经负载、VT6流向电源负极，整个过程中，VT5、VT6始终处于微导通状态，因此这种功率放大器也叫作甲乙类互补对称功放电路，这种电路由于采用了直接耦合的方式，因此频率特性非常好，制作完成后的样机经输入不同频段正弦波信号进行测试，从输出端的波形看，具有极高的保真度。

下面就介绍分立式OCL功放电路的供电电路，如图3-25所示。

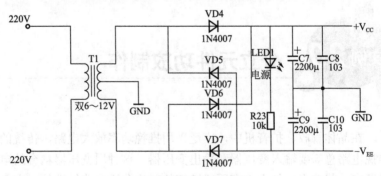

图3-25 供电电路原理图

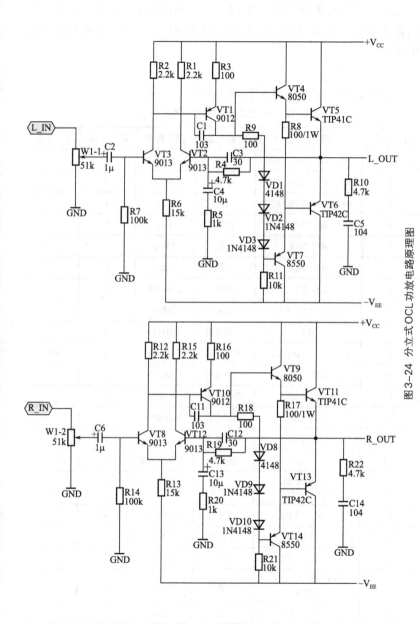

图3-24 分立式OCL功放电路原理图

电源采用全波桥式整流电路,变压器次级中心抽头,LED1为电源指示灯,正常工作后,向功放电路提供一对正负电压对称的电源。

(2)元件清单

分立式OCL功放电路元件清单如表3-13所示。

表3-13 分立式OCL功放电路元件清单

序号	标号	元件名称	型号规格	数量	备注
1	R1、R2、R12、R15	电阻	2.2kΩ	4	
2	R3、R9、R16、R18	电阻	100Ω	4	
3	R4、R10、R19、R22	电阻	4.7kΩ	4	
4	R5、R20	电阻	1kΩ	2	
5	R6、R13	电阻	15kΩ	2	
6	R7、R14	电阻	100kΩ	2	
7	R8、R17	电阻	100Ω/1W	2	
8	R11、R21、R23	电阻	10kΩ	3	
9	W1	可调电阻	51kΩ	1	
10	C1、C8、C10、C11	瓷片电容	103	4	50V
11	C2、C6	电解电容	1μF/25V	2	
12	C3、C12	瓷片电容	30	2	
13	C4、C13	电解电容	10μF/25V	2	
14	C5、C14	瓷片电容	104	2	
15	C7、C9	电解电容	2200μF/25V	2	
16	VD1~VD3,VD8~VD10	二极管	1N4148	6	
17	VD4~VD7	二极管	1N4007	4	
18	LED1	发光管	φ5红	1	
19	VT1、VT10	三极管	9012	2	
20	VT2、VT3、VT8、VT12	三极管	9013	4	
21	VT4、VT9	三极管	8050	2	

续表

序号	标号	元件名称	型号规格	数量	备注
22	VT5、VT11	三极管	TIP41C	2	
23	VT6、VT13	三极管	TIP42C	2	
24	VT7、VT14	三极管	8550	2	
25	—	散热片	—	4	
26	—	圆机螺钉	φ3×6含螺母	4	
27	—	接线柱	301-3T	1	
28	—	接线端子	7620-3T	1	
29	—	双声道插座	5脚	1	
30	—	音频输入线	3.5双头	1	
31	—	线路板	WFS-204	1	

(3) 安装与调试

实际上左、右声道的电路是完全对称的两个电路，另一个就是电源电路。元件安装时只要认真按线路板上的符号安装，都能成功完成制作。元件安装时有两根跳线需要特别注意，位于VT5、VT6边上，标有"J1、J2"处，若漏焊，功放将无法正常工作。制作完成后的功放电路板如图3-26所示。

图3-26 分立式OCL功放电路

电源变压器需采用中心抽头双电源变压器，变压器初级为AC 220V，次级为交流双6V，功率在10～30W之间（根据自己需要的功率决定)。

接线时中心抽头接于接线柱的中间,另两根线接于上、下两个位置上,音箱接线柱中间地线是共用的,另两根分别接在"L_OUT"和"R_OUT"的接线柱上。

注意:两输出端千万不能短路,否则会立即烧坏功放管,通电后在C7和C9的两端产生正负直流电压,可用万用表进行测量,测得的结果正、负电压值应基本相等,然后测量扬声器两端的电压,应为0V,若测得的这些参数都正确,说明电路对称性较好,只要其他元件安装正确的话,就能制作成功。

分立式OCL功放电路安装完成后,必须配上相应的配件方能正常工作。输出音箱可选用市场上在售的成品音箱,输出功率在20W左右,阻抗为8Ω,若音箱质量较好,配上本功放,可获得非常好的效果。如果没有专业的音箱也可以直接接上20W左右,8Ω的喇叭进行声音的播放。至于声音信号的输入,可以从电脑的声卡上取得,也可以用MP3等播放器件,直接用套件上所配的双声道音频输入线插接即可。

第 4 章

控制与遥控类小制作

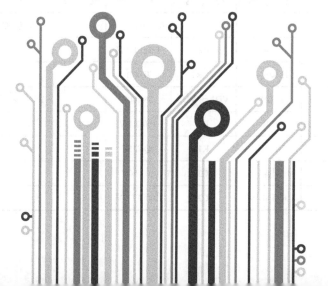

实例21 1路遥控开关

(1) 遥控开关妙用

随着无线电技术的不断成熟,各种遥控设备已大量地在人们的生活中应用,让人们体会到了遥控技术带来的方便。许多电子爱好者肯定想过,要是自己能动手制作一款遥控产品来解决生活中的一些不便,那将是一件无比快乐的事。不知读者是否有这样的感受:在寒冷的冬天,刚睡下,结果发现自己家卫生间里的灯没关,不去关吧,太浪费电了,去关吧,衣服都脱了,太冷了。要是那灯是遥控的就好了,只要在床上一按遥控器,灯就灭了,多方便!这只是其中应用一个实例,接上一个插座,控制插座的开关,可以控制不同设备开关。

(2) 器件和材料如表4-1所示。

表4-1 器件和材料的参数

序号	名称	标号	参数	数量	备注
1	电容	C1	0.47μF/400V	1	耐压值不低于400V
2	电阻	R2	1MΩ 1/4W	1	
3	压敏电阻	VDR1	7D471	1	
4	二极管	VD1～VD5	1N4007	5	1N400×系列代替
5	电阻	R1	100Ω 1W	1	
6	继电器	K1	JQC3FF	1	工作电压24V
7	电容	C3	103/50V	1	
8	电解电容	C2	100μF/35V	1	

续表

序号	名称	标号	参数	数量	备注
9	稳压二极管	CW1、CW2	1N4742	3	稳压值为12V
10	稳压二极管	CW3	1N4733	1	稳压值为5V
11	电容	C5	103/50V	1	
12	电解电容	C4	100μF/16V	1	
13	电阻	R5	270kΩ 1/4 W	1	
14	三极管	VT1	9013	1	
15	集成电路	IC1	SC2272L4	1	
16	集成电路	IC2	YJC100-A	1	
17	接线端子			2	
18	遥控器			1	配12V 23A的电池
19	PCB板			1	万能板

（3）遥控开关的工作原理

常用的遥控开关遥控系统一般分发射和接收两个部分。发射部分一般采用遥控器方式，接收部分一般采用超再生接收方式，超再生式的接收器体积小、价格便宜。

无线电遥控常用的载波频率为315MHz或者433MHz，遥控器使用的是国家规定的开放频段，在这一频段内，发射功率小于10mW、覆盖范围小于100m或不超过本单位范围的，可以不必经过"无线电管理委员会"审批而自由使用。我国的开放频段规定为315MHz，产品应使用315MHz的遥控器。

无线电遥控常用的编码方式有两种类型，即固定码与滚动码两种，滚动码是固定码的升级换代产品，目前凡有保密性要求的场合，都使用滚动编码方式。不过现在家庭常用的无线电遥控常用的编码还是固定码。

电路原理图如图4-1所示。电路主要由供电部分、无线接收部分、数据解码部分和开关控制部分组成。

不工作时，IC1（SC2272L4）的12脚（D1）输出低电平，三极管VT1截止，当接收模块IC2收到遥控器发射的无线电编码信号后，就

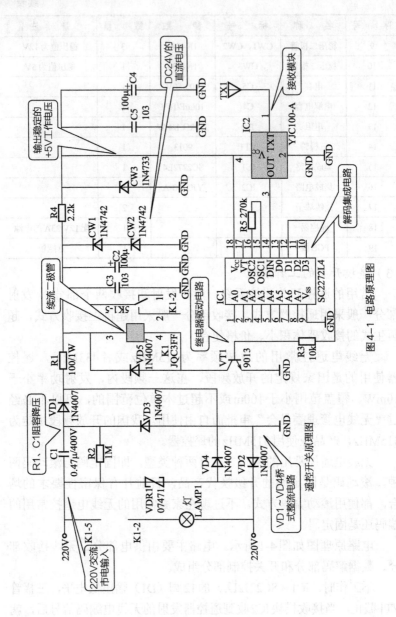

图 4-1 电路原理图

会在其输出端输出一串控制数据码,这个编码信息经专用解码集成电路IC1解码后,在数据输出端输出相应的控制数据,当控制数据信息有效时,D1输出为高电平,高电平经R3输入到VT1基极,三极管VT1导通,继电器吸合,从而点亮电灯;当无线接收部分收到的数据信息为D1数据为0时,三极管VT1截止,继电器关断,从而达到遥控控制电灯的目的。根据电路原理图设计的PCB板图如图4-2所示。

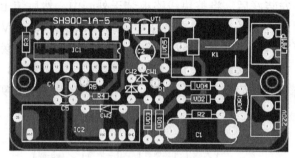

图4-2 PCB板

(4)遥控开关的制作

① 调试与安装　无线遥控开关制作是非常重要的,先要对所有元器件的参数进行测试,读者只要按照电路原理图进行安装,先安装无线遥控开关的供电部分,完成供电部分之后,测试电压是否正常。

市电供电部分的调试:将电源线接在接线端子上,万用表负端接地,正表笔接CW1的正极,查看电压是否为DC24V左右,否则请检查元件有无焊反等。由于电路采用市电直接供电,制作时需特别注意安全,所有线路板上的导电部分都不要用手去碰,否则容易发生触电事故。最好通过1:1的隔离变压器进行调试。

供电部分完成之后,焊上集成电路插座,同时也将继电器驱动电路焊接在PCB板上,最后焊上无线接收模块IC2(YJC100-A),为了方便调试,R4可以先不焊。

读者可以先外接5V直流电源对无线接收部分进行调试,插上IC1,将负极接于电路中的地,+5V接于CW3的正端,万用表直流电压挡测量IC1第14脚电压,当按动遥控器时,每按一次,14脚电压应有明显的变化,否则就说明无线接收模块没有正常工作,查看接收模块有无插反等,如正常,再测IC1第⑰脚对地电压,按住遥控器时,这个脚的电压应为高电平输出,否则检查IC1有无插反,R5是否焊接可靠等,最后测SC2272L4 ⑫脚电压,当按一下"关"按钮时,这个脚的电压应为0,按一下"开"按钮时应为高电平。

经过以上两部分工作后,如各项指标都正常,就将R4焊上。全部元件安装好后,将整块线路板装于外壳中,然后装上固定螺钉,一款遥控开关就制作完成了。接下来试机,将220V市电接于标有"220V"字样的接线端子上,将灯泡两根引线接于标有"LAMP"字样的接线端子上,接通电源,按一下开按钮,灯马上点亮,按一下关按钮,灯马上又灭了。制作好的电路板及实物如图4-3所示。

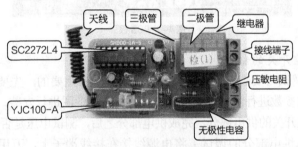

图4-3 电路板及实物

② 遥控开关密码的设置 为了防止在同一区域内安装几套遥控开关时出现相互间的干扰,笔者专门设计了密码。下面介绍如何进行遥控器与接收器间密码的具体设置方法。

在发射与接收器上笔者都设计了密码设置焊接点,只需将两者相对应就可以配对使用。在图4-4中,将发射器密码设置为:1脚接高电平,3脚接地,其余各脚均悬空(NC)。

与此相对应的接收器的密码设置,如图4-5所示。从图4-4、图4-5中可以看到,接收器的密码设置也为:1脚接高电平,3脚接地,其余各脚均悬空(NC)。这样,发射器与接收器相对应了,只有密

图4-4 发射器密码设置　　图4-5 接收器的密码设置

码设置一样的遥控器才能对灯进行遥控，其他密码的遥控器将无法操作，这样可以有效地解决多套系统相互干扰的问题。

实例22 集成电路声光控开关

集成电路声光控开关在白天或光线较亮时，节电开关呈关闭状态，灯不亮；夜间或光线较暗时，节电开关呈预备工作状态，当有人经过该开关附近时，脚步声、说话声、拍手声等都能开启节电开关。灯亮后经过40s左右的延时节电开关自动关闭，灯灭。广泛应用于楼道、走廊、厕所等公共场合，能节电并延长灯泡使用寿命。电路采用四与非门集成电路CD4011作为中心元件，结合外围电路，实现各项功能。集成电路声光控开关具有以下特点：

➢ **采用单线出入**　可直接替代原手控开关，不用另接线，便于安装。

➢ **声控灵敏度高**　在其附近的脚步声、说话声等均可将开关启动。

➢ **寿命长**　该节电开关全部采用无触点元件，不用担心使用寿命。

- ➢ 耗电省　节电开关自身耗电小于0.5W。
- ➢ 安装方便　节电开关采用86型通用电气开关盒设计。

（1）电路工作原理

集成电路声光控开关的电路原理图如图4-6所示。

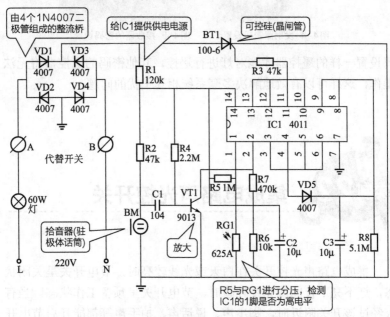

图4-6　集成电路声光控开关的电路原理图

电源经负载(灯泡)、由4个整流二极管1N4007组成的整流桥、R1向电路供电，当光线较强时，光敏电阻RG1上分压很小，与非门的输入端被锁，IC1的2脚输入信号不起作用，IC1的3脚输出为高电平，经反相后，IC1的4脚输出低电平，晶闸管BT1截止，当光线较暗时，IC1的1脚变成高电平，此时与非门打开，其输出状态直接受控于IC1的2脚电压，当周围有声音发出时，经拾音器（驻极体话筒）BM拾取后，转变成电信号，通过瓷片电容C1耦合送入三极管VT1进行放大，被放大的声音信号从三极管VT1的集电极输出，当IC1的2脚达到高电平信号要求时，其输出端3脚就输出一个低电平信号，反相后，4脚输出高电平，经二极管VD5向电解电容C3充电，由于充电阻抗非常小，很快被充到电源电压值，随后就算4脚变为低电平，由于二极管VD5的存在，电解电容C3只能通过R8进行放电，电解电容C3上维持高电平电压值的时间内，始终保持晶闸管BT1导通，灯被点亮。若中间不再有声音发出，电解电容C3上的电荷经R8泄放，当电压低于高电平电压值时，与非门翻转，灯被熄灭。

（2）材料清单

材料清单见表4-2所示。

表4-2 声光控开关材料清单

序号	名称	标号	参数	数量	备注
1	R1	电阻	120kΩ	1	
2	R2、R3	电阻	47kΩ	2	
3	R4	电阻	2.2MΩ	1	
4	R5	电阻	1MΩ	1	
5	R6	电阻	10kΩ	1	
6	R7	电阻	470kΩ	1	
7	R8	电阻	5.1MΩ	1	
8	C1	瓷片电容	104	1	50V
9	C2、C3	电解电容	10μF/25V	2	
10	VD1～VD5	二极管	1N4007	5	
11	IC1	集成电路	CD4011	1	
12	BT1	单向可控硅	MCR100-6	1	
13	VT1	三极管	9013	1	
14	BM	驻极体话筒	（54±2）dB	1	
15	RG1	光敏电阻	625A	1	
16	—	前盖、后盖	—	1	
17	—	自攻螺钉	3×6	5	
18	—	面板螺钉	4×25	2	
19	—	粗导线	0.3×10	1	
20	—	线路板	WFS-506	1	

(3) 电路制作

安装时要注意二极管、三极管极性，不要装反。线路板上都有标识，制作时应严格按PCB上的标识插件；三极管安装时必须控制其高度，安装时尽量插到底或者采用卧式安装，装入盒子后，若太高的话会将电路板顶起，造成盖子无法正常安装；电容安装时应采用卧式安装，否则太高了会顶到盒子；驻极体话筒必须焊出两根引线后方能安装于线路板上，可用剪下来的电阻引脚来焊，其中驻极体话筒在安装时，有极性之分，中间的为正，与外壳相连的为负。焊接完成的电路板如图4-7所示。在安装好之后，可以先用黑布盖住光敏电阻，这时用手轻拍驻极体话筒，灯泡点亮。若用光照光敏电阻，用手轻拍驻极体话筒，灯泡不亮，说明光敏电阻完好。

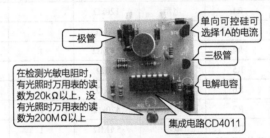

图4-7 声光控开关电路板

实例23 红外线感应开关

BISS0003是为热释电红外传感器配套设计的专用集成电路，采用CMOS工艺制造。其外围器件大大减少，节约了空间和成本及调试时间，提高了整机可靠性，可广泛应用于照明控制、马达和电磁阀控制、防盗报警等领域。

图4-8所示为BISS0003封装。

图4-8 BISS0003封装

(1) 引脚功能

BISS0003引脚说明见表4-3。

表4-3 BISS0003引脚说明

序 号	符 号	功能描述	序 号	符 号	功能描述
1	UOU1	运放输出1	9	CDS	CDS检测
2	NII1	运放正输入1	10	TRIAC	TRIAC输出
3	II1	运放负输入1	11	RELAY	RELAY输出
4	V_{REF}	参考电压	12	ZCD	过零检测
5	GND	地	13	V_{DD}	电源
6	TB	系统时钟	14	II2	运放负输入2
7	QTEST	测试	15	NII2	运放正输入2
8	TCI	定时时钟	16	UOU2	运放输出2

(2) 功能框图与说明

➢ PIR感应信号经内部放大,如果判断有触发,运放输出高电平。这时候计时检测电路开始计时,计满一定内部时钟周期,跳变为高(可避免误触发)。

- CDS接内部施密特触发器,白天CDS阻值低,施密特反相器输出为低,抑止输出;天暗则相反,施密特反相器输出为高。
- 过零检测在交流电源过零时产生过零脉冲。在1,2,3同时为高时,输出控制器输出一正脉冲,控制外电路。
- PIR与IC引线越短越好,以免引入噪声干扰。
- 采用阻容降压,应选用正品电路,注意安全,可适当增加保护元器件或电路。
- 在前述情况下的计时期间,CDS触发信号不起作用。
- PIN6所接R、C决定IC内部时钟。$F=(1\pm20\%)/1.1RC$。TRIAC触发时间宽度为$2/F$。
- PIN8所接R、C决定IC内部定时器的周期,频率同样满足上述计算公式。调节R、C,可以高速输出控制的时间长短,根据应用实际要求而定。

图4-9所示为BISS0003内部框图。

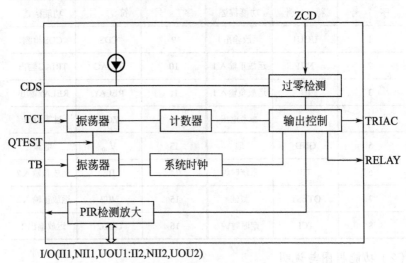

图4-9 BISS0003内部框图

(3)典型应用

典型应用电路如图4-10所示。

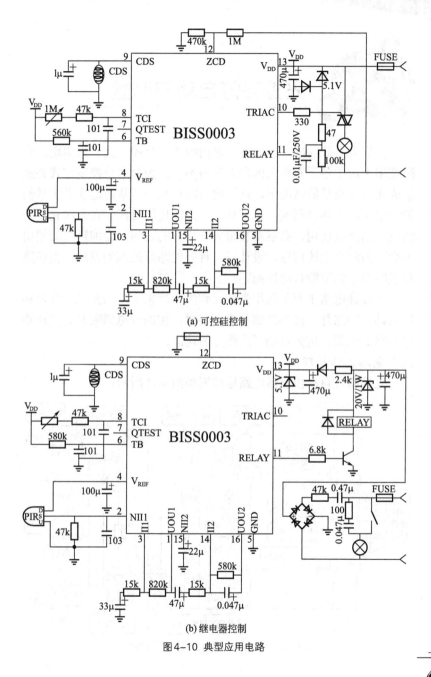

(a) 可控硅控制

(b) 继电器控制

图 4-10 典型应用电路

 光控路灯自动控制器

目前大多数的路灯控制采用时间控制（时控开关）来实现，实际使用中由于冬天和夏天的白天长短不一，因此这种控制方式必然造成在光线充足的情况下，路灯也有时会亮着，从而造成了大量的能源浪费，而各种照明灯也都具有一定的使用时限，在光线充足的情况下仍继续使用，必然增加每天开启灯的时间，会缩短灯的使用寿命，为解决上述问题，设计出一种智能路灯控制的方法，实现路灯照明技术的节能自动控制。

本设计电路主要是运用光敏元件的特性来实现当光照强度足够时自动关闭路灯，而当光照强度不足时，控制继电器吸合，接通路灯回路的电源，达到自动开启路灯的功能。

（1）电路工作原理

光控路灯自动控制器电路原理图如图4-11所示。

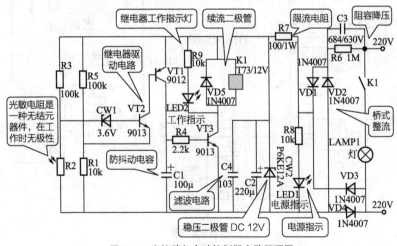

图4-11 光控路灯自动控制器电路原理图

AC 220V市电经电容C3、电阻R6进行阻容降压，由4个二极管VD1～VD4组成的桥式整流电路后，R7限流，经稳压二极管CW2稳压后，CW2两端形成一个稳定的12V直流电压，一路经电阻R8限流，点亮LED1灯，LED1灯作为电源指示灯，另一路作为系统的工作电源（DC 12V）。接通电源后，如果是白天，光线较强，光敏电阻R2的阻值很小，经过分压的光敏电阻R2两端的电压很小，稳压二极管CW1截止，流入三极管VT2基极的电流很小，三极管VT1截止，三极管VT3也截止，继电器不工作。当光线变暗时，光敏电阻R2的阻值迅速增大，经过分压的光敏电阻R2两端的电压不断上升，当这个电压高于稳压二极管CW1的击穿电压时，三极管VT2导通，三极管VT1和三极管VT3也相继导通，继电器K1得电吸合，继电器工作指示灯LED2点亮，继电器的动触点动作，控制路灯点亮。当光线再次变亮时，稳压二极管CW1截止，导致相应三极管VT1、VT2、VT3截止，继电器断开。电路中的电解电容C1是为了防止开、关设备过程中的抖动而设计的，增加了开、关过程中的延时，以达到开、关过程中的缓冲效果。

（2）材料清单

　　光控路灯自动控制器材料清单，如表4-4所示。

表4-4　光控路灯自动控制器材料清单

序号	标号	元件名称	型号或参数	数量	备注
1	R1、R8、R9	电阻	10kΩ	3	
2	R2	光敏电阻	625A	1	
3	R3、R5	电阻	100kΩ	2	
4	R4	电阻	2.2kΩ	1	
5	R6	电阻	1MΩ	1	
6	R7	1W电阻	100Ω	1	
7	C1	电解电容	100μF/25V	1	
8	C2	电解电容	220μF/25V	1	
9	C3	CBB电容	684	1	耐压400V
10	C4	瓷片电容	103	1	50V

续表

序号	标号	元件名称	型号或参数	数量	备注
11	VD1～VD5	二极管	1N4007	5	
12	CW1	稳压二极管	3.6V/0.5W	1	
13	CW2	稳压二极管	P6KE12A	1	
14	LED1、LED2	红色LED	φ5	2	
15	VT1	三极管	9012	1	
16	VT2、VT3	三极管	9013	2	
17	K1	继电器	SRD-12VDC-LS-C	1	
18	—	接线端子	KF7620-2P	2	
19	—	安装螺钉	3×6自攻	4	
20	—	外壳		1	
21	—	线路板	WFS-508	1	

(3) 电路制作

二极管安装时注意极性，在对极性标注不明确的情况下，可用数字万用表二极管挡（电阻挡）进行测量，然后根据原理图确定安装方向；安装光敏电阻时需注意，其安装位置与其他元件相反，感光面朝焊接面方向安装；两只发光二极管（LED）安装前先折弯，发光部分要伸出线路板，焊接时引脚要留有足够的长度，先焊上一个脚，然后装入盒子中，让发光管正好伸出盒子的安装孔，此时高度便可以确定，然后将两只脚全部焊上锡进行固定，全部元件安装完成，如图4-12、图4-13所示。

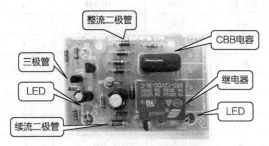

图4-12 光控路灯自动控制器PCB正面

图4-13 光控路灯自动控制器PCB反面

（4）功能调试

将全部元器件安装好后，将电阻R7其中一个引脚断开，用直流稳压电源进行调试（如果没有直流稳压电源，也可以用三端稳压器7812自制一个输出DC 12V电源），将直流稳压电源调到输出DC 12V；将DC 12V电源接于稳压二极管CW2两端，用万用表测量电解电容C1两端电压。当光线较强时，电解电容C1两端的电压为DC 0.5V以下，用一黑色盒子将感光孔处挡住，此时电解电容C1两端的电压高于DC 10V，继电器吸合。若听不到继电器吸合的声音或指示灯不亮，应仔细查看二极管VD5是否接反，若接反，由于三极管VT3直接将正电源与地短接，电流较大，有可能损坏三极管VT3；以上几步检测正常后便可以直接接入220V市电进行调试。在进行这一步时，制作者千万不要用手去直接接触线路板上的任何导电部分。将电阻R7装好，先用万用表测量稳压二极管CW2两端电压，接上电源后，电源指示灯点亮，稳压二极管CW2两端电压在DC 12V左右，若测量电压的数据不正常，则整流电路有问题，应检查4个整流二极管是否装反或者开路。制作好的光控路灯自动控制器如图4-14、图4-15所示。

图4-14 装入外壳中的光控路灯自动控制器

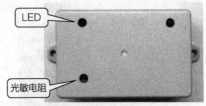

图4-15 制作好的光控路灯自动控制器

注：本光控路灯自动控制器也适用于家庭，主要应用于室外照明灯光的控制。

实例25 触摸延时开关

触摸式节电开关是一种常用的开关，现在介绍一种采用分立元件，利用人体感应信号作为控制信号，人手一摸开关的金属感应部分，灯便开启，人走后延时一定时间自动关断，可以有效地避免公共场所等地灯常亮的现象发生，真正实现自动、节能之目的。

(1) 电路工作原理

触摸延时开关电路原理图如图4-16所示。

电路在没有人体感应信号送入时，三极管VT1截止，三极管VT2、VT3全部截止，可控硅没有触发信号而关断，交流市电经负载（LAMP1）、桥式整流（VD1～VD4）、电阻R1、发光二极管LED1和稳压二极管CW1形成回路，点亮发光二极管LED1，作为电源指示灯，当有人体信号送入时，经三极管VT1射极跟随器在电阻R5两端形成放大后的感应信号电压，经电解电容C1蓄能，使三极管VT3和三极管VT2导通，可控硅BT1受到触发导通，负载（灯）被点亮。触发信号在电解电容C1上的蓄能经电阻R5进行释放（电容C1通过R5放电，U_C按指数规律下降，时间常数$\tau=R_5C_1$），当其电荷不足以让三极管VT3导通时，可控硅BT1失去触发信号，

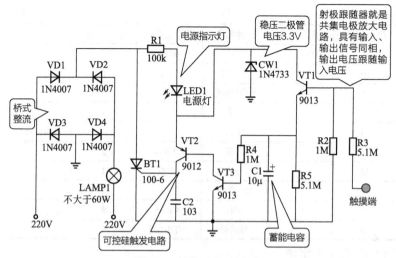

图4-16 触摸延时开关电路

在其电压过零时就被关断,从而使灯熄灭。

对于延时时间的选择,主要取决于电路中的C1与R5的参数,具体延时值可通过 $T=RC$ 来进行初步计算得出,由于电路中各元件参数都有一定的误差,因此实际的延时时间和计算值略有不同。

(2)元器件清单

触摸延时开关电路原理图的材料清单如表4-5所示。

表4-5 触摸延时开关电路原理图的材料清单

序号	标号	元件名称	型号或参数	数量	备注
1	R1	电阻	100kΩ	1	
2	R2、R4	电阻	1MΩ	2	
3	R3、R5	电阻	5.1MΩ	2	
4	C1	电解电容	10μF/16V	1	
5	C2	瓷片电容	103	1	50V
6	VD1～VD4	二极管	1N4007	4	
7	CW1	稳压二极管	1N4733	1	
8	LED1	发光管	Φ5红	1	

续表

序号	标号	元件名称	型号或参数	数量	备注
9	VT1、VT3	三极管	9013	2	
10	VT2	三极管	9012	1	
11	BT1	单向可控硅	MCR100-6	1	
12	—	外壳	—	1	
13	—	图钉	—	1	触摸金属片
14	—	导线	0.3×10	2	
15	—	导线	0.1×6	1	
16	—	自攻螺钉	3×6	5	
17	—	螺栓	4×20	2	
18	—	线路板	WFS-507	1	

（3）安装注意事项

➢ 二极管、三极管在安装时，一定要注意极性不要插反，严格按线路板上的标识或标识符安装。

➢ 发光二极管安装时所留管脚的长度应与安装盒子配合确定，发光管伸出盒子的长度应保持不超出面板为宜。

➢ 安装触摸金属片时，先将图钉插入面板中间孔位，然后在背面将图钉折弯，使图钉固定，用电烙铁在折弯的引脚处上锡，电路板全部焊接完成后，将线路板上触摸输入端引线与图钉连接即可，如图4-17所示。

图4-17 安装触摸金属片

（4）电路制作

所有元器件安装完毕，如图4-18所示。由于采用的是220V市电直接接入，通电时用手碰线路板容易触电，读者在调试时需特别小心，最好配上隔离变压器后再进行调试。

图4-18 触摸延时开关

实例26 86外壳分立声光控开关

采用分立元件设计，利用声音作为控制信号，光线较暗时，只要有声音发出，便可以开启照明灯，人走后延时一定时间自动关断，而光线较亮时，就算有声音也不会亮灯，真正实现自动、节能之目的。

（1）电路工作原理

三极管VT1、VT2、MIC1等元件组成声控电路，系统上电时，三极管VT1截止，可控硅导通，随着电解电容C2两端电压差的减小，三极管VT1导通，可控硅失去控制电压而截止，系统进入稳定工作状态。当有声音发出时，经MIC1的声电转换，变成电信号，经电容C3耦合，送入三极管VT2进行放大，电解电容C2正端电压通过VT2进行放电，在三极管VT1的发射结形成一个反向放电电压，至使三极管VT1立刻截止，可控硅导通，灯被点亮。随着电解电容C2放电过程的结束，三极管VT1再次进入导通状态，灯就被熄灭。三极管VT3等元件组成光控电路，当光线较强时，光敏电阻RG1阻值较小，三极管VT3基极电流足够大，三极管VT3饱和导通，MIC1被短接，声音信号无法进入电路，因此光线较强时，灯不会被点亮；而当光线较暗时，三极管VT3截止，光控电路便不起作用，整个开关只受声音控制。86外壳分立声光控开关电路原理图如图4-19所示。

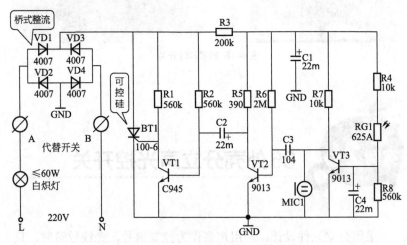

图4-19 86外壳分立声光控开关电路原理图

（2）材料清单

86外壳分立声光控开关原理图的材料清单如表4-6所示。

表4-6 86外壳分立声光控开关原理图的材料清单

序 号	标 号	元件名称	型号规格	数 量	备 注
1	R1、R2、R8	电阻	560kΩ	3	
2	R3	电阻	200kΩ	1	
3	R4、R7	电阻	10kΩ	2	

续表

序 号	标 号	元件名称	型号规格	数 量	备 注
4	R5	电阻	390Ω	1	
5	R6	电阻	2MΩ	1	
6	RG1	光敏电阻	625A	1	
7	C1、C2、C4	电解电容	22μF/25V	3	
8	C3	瓷片电容	104	1	50V
9	VD1～VD4	二极管	1N4007	4	
10	VT1	三极管	C945	1	
11	VT2、VT3	三极管	9013	2	
12	BT1	单向可控硅	MCR100-6	1	
13	MIC1	驻极体话筒	—	1	
14	—	安装螺钉	3×6自攻	5	
15	—	导线	0.3×10	2	
16	—	外壳	—	1	
17	—	线路板	WFS-505A	1	

(3) 注意事项

➢ 四只整流二极管 1N4007 安装时，一定要注意极性不要装反。

➢ 安装驻极体话筒时注意极性，两个电极中，与外壳相连的是负极，这个元件安装与其他元件方向不同，装于线路板的焊接面，装时尽量降低高度，否则整个线路板装入盒子时容易顶住，但也要防止安装太低时金属外壳将线路板上的铜皮短路。

➢ 光敏电阻安装时先焊一个脚，然后将光敏电阻折向焊接面，将线路板装于盒子上以确定其高度，合适后再将两个脚全部焊牢定位后，对光敏电阻引脚进行剪脚处理。

➢ 由于采用的是 220V 市电直接接入，通电时不要用手去碰开关的任何金属部分，否则容易触电，调试时要注意安全。

经过以上调试工作后，若各项都正常，将整块线路板装于外壳中，然后装上固定螺钉，一款声光控开关就制作完成了。制作完成的线路板如图 4-20 所示。

图4-20 制作完成的线路板

(4) 功能调试

> 焊接工作完成后,应仔细核对元件是否装错,检查焊接面有无搭锡或虚焊等情况,无误后先将光敏电阻拆下。

> 将被控灯泡与开关串接后接入220V市电,将万用表黑笔接于公共地端,通电后灯会点亮,延时一段时间后熄灭,此时测量C1两端电压,正常应在6～7V左右,若电压不正常,应断电仔细查看整流二极管是否装反。

> 在所有测试电压正常的情况下,测量三极管VT1基极电压,正常时为0.6V左右,当有声音发出时,对地电压变为负电压,此时灯被点亮,随着时间的延长,三极管VT1的基极电压不断升高,当电压达到三极管VT1的饱和电压时,灯熄灭,正常后装上光敏电阻,同时验证光控功能。

> 电阻R2、电容C2的值决定了开关的延时时间,可以改变电容C2的值,以达到不同的延时效果。

在完成以上几步电压检测时,一定要注意安全,手不要去碰任何导电部位。

注:在这要进行说明的是,当装上光敏电阻后,用黑布盖住光敏电阻,就可以测试驻极体话筒的好坏。同时将黑布拿开,就可以测试光敏电阻的性能。

实例27 4路遥控开关

随着无线电技术的不断成熟,各种遥控设备已大量地在人们的生活中应用,让人们在生活中体会到了许多的方便。下面通过一款4路遥控的介绍,来体会如何运用无线电技术来改变生活。

(1)电路工作原理

4路遥控开关电路原理图如图4-21所示。电路主要由供电部分、无线接收部分、数据解码部分和开关控制部分组成。直流12V电源输入接收器,一路向继电器供电,另一路经三端稳压器CW78L05稳压后,输出5V工作电压,作为无线接收部分和解码部分的电源。

系统上电后,集成电路IC3的10～13脚输出低电平,所控制的4路继电器断开,当接收模块YJC100-A收到遥控器发射的无线电编码信号后,就会在其输出端输出一串控制数据码,这个编码信息经专用解码集成电路IC3解码后,在数据输出端输出相应的控制数据,由于介绍的是4路遥控开关,但每一路的工作情况完全一样,因此,在这里以其中的一路为例来进行说明。以D0所接继电器为例,当发射的数据信号为0001时,2272输出的数据也为0001,换言之就是集成电路IC3的10、11、12脚输出低电平,13脚输出高电平,这个高电平经R2向VT1提供基极电流,VT1饱和导通,继电器K1得电吸合,它所控制的电气设备工作,这样通过手上的遥控器的操作,完成了对电气设备的遥控控制,若选用的解码芯片为M型,则当遥控信号消失后,所有数据位全部输出为低电平,控制的四路继电器全部断开。

注:选用的解码芯片一般情况下为L型,则当遥控信号消失后,所有数据位全部保持不变,四路继电器全部全部保持不变。

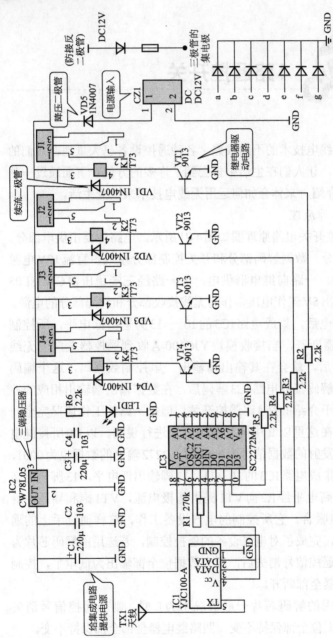

图 4-21 4路遥控开关电路原理图

注：① 本电路也可以采用双D触发器（CD4013或74LS74）进行控制，读者可以自行设计。
② 图中，对输出哪一路有时不清楚，可以自行增加LED显示，采用LED灯或LED数码管，数码管采用光阴极的数码管，由三极管控制，只需将七段数码管中需要显示的笔段点亮就行了（采用数码管的种类读者可以查阅资料）。

（2）元件清单

4路遥控开关元件清单如表4-7所示。

根据电路原理图设计的PCB板图如图4-22所示。

表4-7　4路遥控开关元件清单

序号	标注	元件名称	型号规格	数量	备注
1	R1	电阻	270kΩ	1	
2	R2～R6	电阻	2.2kΩ	5	
3	C1、C3	电解电容	220μF/25V	2	
4	C2、C4	瓷片电容	103	2	50V
5	VD1～VD5	二极管	1N4007	5	1N400X系列
6	LED1	发光管	φ5	1	红光
7	VT1～VT4	三极管	9013	4	8050
8	IC1	无线接收模块	YJC100-A	1	
9	IC2	三端稳压器	CW78L05	1	
10	IC3	集成芯片	SC2272M4	1	
11	K1～K4	继电器	T73/12V	4	
12	J1～J4	接线柱	301-3T	4	
13	CZ1	DC插座	2.1金属	1	
14	TX1	天线	卷式	1	
15	IC3	IC插座	18脚	1	DIP-18
16	—	自攻螺钉	3×6自攻	4	
17	—	遥控器	桃木色4键	1	
18	—	线路板	WFS-503	1	
19	—	外壳	—	1	

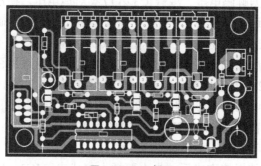

图4-22　PCB板图

（3）调试与安装

遥控开关制作比较简单，读者只要按电路原理图的元件参数安装便可完成。在制作中，先将阻容元件等焊上，然后焊上集成电路插座，最后焊上无线接收模块YJC100-A。接上12V直流电源，可以看到电源指示灯点亮，若不亮，查看发光二极管是否焊反。为了帮助制作者快速检测电路的工作情况，提供几个点的电压测试，具体在线路板上的位置已在图4-22中用箭头进行标注。

> 测量输入电压　用负表笔接输入电压的负极，在输入接线柱上标有"-"符号，正表笔测量图中最右边箭头处的电压，正常应为输入电压减去0.6V，若输入是12V，则测出的电压应为11.4V左右，若测出的电压为12V，同时发光二极管不亮，应仔细检查极性保护二极管VD5，查看是否反焊或虚焊。

> 测量5V电压　用负表笔接输入电源负极，正表笔测量中间箭头处电压，即78L05输出电压。正常应为5V左右，若不正常，查看CW78L05是否反焊，同时在线路板上查看5V电压供电的无线接收头和解码电路是否有搭锡短路等问题。

> 测量无线解调电压　测量集成电路IC3第14脚对地电压，在没有按遥控器时，这个电压是变化的，且没有规律，当按下遥控器时，可以看到这个脚的电压变为一个较为稳定的直流电压，只要所测电压符合以上规律，就说明无线解调部分工作基本正常。

> 测量数据解码电压　测量IC3第17脚对地电压，在没有按遥控器时，这个电压为0，当按下遥控器后，若解码正确，这个脚就会输出一个高电平，表示解码成功。若所测结果不符合上述规律，应仔细查看集成电路IC3的8位地址编码是否与遥控器端SC2262的地址编码一致，查看集成电路IC3第15、16脚间的振荡电阻是否与发射端相匹配等。

注：读者可以学习SC2262/2272的相关知识。

注意事项如下。

> 全部元件焊接完成后，先不要插上集成电路IC3，以免安装错

误上电造成集成电路IC3损坏。通电用万用表测量IC插座18脚对地电压,正常应为5V左右,如果不正常,查看三端稳压电路是否装反,极性保护二极管是否装反。

➤ 测量无线接收模块信号端电压,正常在没有遥控信号时,为无规律变化,而当按下遥控器时,变成一个稳定的电压值,如符合这一规律,说明无线接收电路正常。

➤ 测量集成电路IC3第17脚对地电压,正常时在收到信号并成功解码后,这个脚会输出高电平,而在没有收到信号或解码不成功时,输出为低电平,SC2272要正确解码的条件是:振荡电阻与发射端匹配,接收端的8位地址与发射端8位地址相一致。

➤ 按动遥控器,四个键分别对应四只继电器,每按动一只键时,可听到继电器吸合的声音。

➤ 由于控制的继电器开关与直流电路是隔离的,因此能安全地控制电压更高的设备,实现自动扩展的功能,继而为制作者实现不同功能的电气设备的遥控控制奠定了基础。

经过以上调试工作后,若各项都正常,将整块线路板装于外壳中,然后装上固定螺钉,一款遥控开关就制作完成了。制作完成的线路板如图4-23所示。

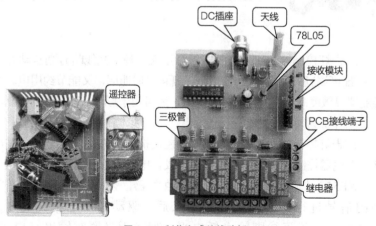

图4-23 制作完成的线路板

(4)技术指标

由于控制开关采用的是10A容量的继电器,而线路板上的铜皮较薄,无法长时间通过10A的电流,因此当控制的负载功率大于100W时,应在相应的开关线铜板上加上焊锡,以增加导流性。产品采用的遥控器发射距离为200m,实际使用中由于受环境等因素的影响,距离会变近许多,因此使用时最好将距离控制在10m以内,不过这对于一般家用距离是完全可以满足要求的。为了提高系统的抗干扰性能,在线路板上留有超外差接收模块的安装孔,若将超再生接收头换成超外差接收头,系统性能将有很大改进。对于其他条件相同时,选用2272L4的性能要比2272M4的距离远,在购买时应告之所要配的解码芯片型号。另外一点需要说明的是,若想增加实际的遥控距离,最好选用超外差接收头,另外将遥控器换成较大功率的器件,可以选用标称遥控距离为1000m和2000m的遥控器。

实例28 广告灯控制器

广告灯控制器,白天控制广告灯熄灭,晚上光线暗时则自动开启1～7h(可调)后自动熄灭。该广告灯既可及时照明,又能节约用电。本控制器灵敏度高,不受天气季节影响,还可用于彩灯、路灯等的控制。

工作原理如下。

广告灯控制器由NE555组成的光控及抗干扰电路、CD4541定时电路、继电器控制、电源电路等部分组成。电路原理图如图4-24所示。

NE555时基电路接成施密特触发器,对光敏电阻RG接收到的信号进行整形和功率放大以后,驱动后续电路。当白天有光照时,其第③脚输出低电平,夜晚无光照时输出高电平。

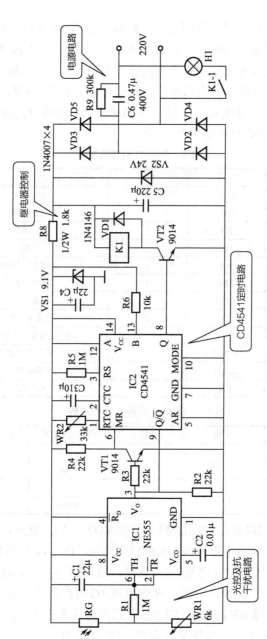

图4-24 广告灯控制器

CD4541是一块具有振荡计数、定时功能的IC,在电路中作为定时控制,各脚功能如表4-8所示。CD4541工作时,第①脚接振荡电阻,第②脚接振荡电容,第③脚接保护电阻,第⑧脚为输出脚,第⑨脚可选择第⑧脚的输出状态,第⑩脚接低电平为单定时模式,接高电平为循环定时模式,第⑫、⑬脚可设定时间或设定输出频率。CD4541分频或计数次数如表4-9所示。

表4-8 CD4541引脚功能

引脚	符号	I/O	功能
①	RTC	I	定时电阻
②	GTC	I	定时电容
③	RS		保护电阻
④、⑪	NC	—	空脚
⑤	AR	I	自动复位控制
⑥	MR	I	手动复位控制
⑦	GND	P	电源负极
⑧	Q	O	控制输出端
⑨	Q/$\overline{Q}$	I	输出高或低电平选择端
⑩	MODE	I	单定时或循环定时选择端
⑫、⑬	A、B	I	定时常数编程选择端
⑭	V_{CC}	P	电源正端

表4-9 CD4541分频或计数次数

12脚	13脚	级数 n	延时级数 2^n	分频系数 2^{n-1}
0	0	13	8192	4096
0	1	10	1024	512
1	0	8	256	128
1	1	16	65536	32768

220V市电经R9、C6阻容降压后经VD2~VD5整流,C5滤波,VS2稳压后,给继电器提供24V的供电电压。DC24V电压通过电阻R8和稳压二极管VS1稳压,C4滤波,给NE555和CD4511提供的工作电压为DC 9.1V。白天,光敏电阻RG阻值很小,通过光敏电阻RG和电位器WR1分压,NE555第⑥脚电压大于$2/3V_{CC}$,使第③脚输出为低电平,三极管VT1截止。CD4541第⑥脚复位端为高电

平,其内部计数器清零复位,第⑧脚输出端为低电平,三极管VT2截止,继电器常开触电断开,继电器不工作。

当夜幕降临的时候,RG阻值逐渐增大,NE555第②脚电位逐渐降低,当小于$1/3V_{CC}$时,NE555第③脚输出端信号翻转为高电平。三极管VT1基极电位升高而导通,给CD4541第⑥脚提供一个由高电平变为低电平的脉冲负跳变沿,使内部电路开始计数,输出端第⑧脚输出高电平。三极管VT2导通,继电器K1得电,常开触点闭合,继电器吸合,受控电路工作。

电位器WR2和电解电容C3为CD4541外接振荡电阻和振荡电容,当经$t=32768×2.3RC≈24871s$时间后,输出端第⑧脚变为低电平。三极管VT2截止,继电器K1的常开触点失电而断开,受控电路停止工作。通过微调电位器WR2的阻值,可改变定时时长。

对于外界干扰引起的白天瞬间变暗不会导致继电器误动作,在电路中由NE555第②、⑥脚所接电阻R1和电容C1组成延时抗干扰电路,当RG阻值瞬间增大时,由于电容C1两端电压不能突变,从而保持第⑥脚电位基本不变,第③脚输出仍为低电平。但当RG阻值长时间较大时,C1充电完成后,NE555第⑥脚电压降低,第③脚输出高电平,从而导致继电器动作。有了延时抗干扰电路之后,可以有效消除继电器误动作。

实例29 触摸开关灯

台灯是家家户户都在使用的普通灯具,高亮度的LED光源因其制造技术突飞猛进,生产成本又节节下降,而成为高亮度、高效率、省电、无碳排放的照明光源。

ADA01芯片是一款单通道触摸感应IC,具有独特的电容感应式触摸算法,OUT0智能信号输出(ON/OFF),OUT1、OUT2可直接驱动LED作为背景光显示,广泛适用于ON/OFF开关控制类电子产品。ADA01芯片引脚描述见表4-10。

本产品的特点和优势如下。

- 可在有介质(如玻璃、亚克力、塑料、陶瓷等)隔离保护的情况下实现触摸功能,安全性高。
- 应用电路简单,外围器件少,加工方便,成本低。
- 抗电源干扰及手机干扰特性好。EFT可以达到4kV以上;近距离、多角度手机干扰情况下,触摸响应灵敏度及可靠性不受影响。
- 应用范围:台灯、节能灯控制、墙壁开关、机箱电源开关以及其他开关信号控制的应用中,如安防设备、智能家居控制、智能控制面板等。

表4-10　ADA01芯片引脚描述

引脚序号	引脚名称	用　　法	功能描述
1	GND	POWER	负电源
2	V_{DD}	POWER	正电源
3	OSCI	I	高频RC振荡器输入端
4	Output2	O	背景灯控制输出端
5	Output1	O	背景灯控制输出端
6	Output0	O	ON/OFF控制输出端
7	Touch Input	I	触摸传感器信号输入端
8	VC1	I	比较器输入(灵敏度调整电容,102～105内调整有效)

(1) LED台灯工作原理

遵循安全第一的民用电器的设计理念,LED光源是一种低电压、直流恒流源的发光器件,不能用100～220V的交流高压电直接点亮,因此,LED台灯方案的设计思路是,首先将高压的交流电变换成低压的直流恒流源。使用最经济有效的方法降压和进行交直流变换是设计的首要考虑,当今便携式电子产品使用交流电源的交直流降压变换器——适配器(Adapter)就成了既经济实惠又现成好用的首选。适配器的输出电压要求稳定在DC 18V 1A，输出电流要根据LED的光源的功率来选择，一般给予30%的余量。以5×1W的白光LED光源为例，1W的白光LED的标准工作电流应为350mA，因而3个LED光源串联其电路需要的电流也是350mA。考虑到延长LED寿命和降低光衰，设计为300～330mA，不会明显影响LED发光的亮度，所以适配器的输出电流应选750mA～1A的。

（2）LED台灯方案

AC 220V经适配器在灯具外的安全降压变换，向LED台灯提供稳定的18V直流电源，在台灯底座壳内安置恒流源电源板，将直流电压变换成稳定的直流恒流源，以满足LED光源发光的技术要求。在直流恒流源前可加一电源开关，以便在台灯不用时关断直流电源，但不能关断220V交流电源，因此不用时应从墙上取下适配器的电源插头，这也是这个实用方案的唯一"缺点"。如不想采用机械开关，并想要一个更有创意的卖点，则可选用电子触摸开关，如手指轻点可实现台灯的开、关；由于电子技术的快速进步，电子触摸开关如今已是一个低成本的器件。

（3）LED光源工作原理

LED光源工作的主要参数是U_F、I_F，其他相关的是颜色、色温、波长、亮度、发光角度、效率、功耗等。LED是一个PN结二极管，只有施加足够的正向电压才能传导电流，U_F正向电压是为LED发光建立一个正常的工作状态，I_F正向电流促使LED发光，发光亮度与流过的电流成正比。白光LED标称电压U_F为3.4V±0.2V。LED光源在大批量生产时，每一批LED的U_F具有一定的离散性，为了客户使用时需要的一致性，LED出厂时必须按不同的U_F分档出售；客户订购时同一批灯具需用的LED光源必须选用同一档次的U_F或相邻档次的，否则会导致同一批生产的LED灯具的亮度有差异；LED工作电流I_F按应用需要选用，不同的电流档次不能混用。

（4）LED电源电路（电源适配器）

电源适配器（Power Adapter）是小型便携式电子设备及电子电器的供电电源变换设备，一般由外壳、电源变压器和整流电路组成，按其输出类型可分为交流输出型和直流输出型；按连接方式可分为插墙式和桌面式，广泛配套于电话子母机、游戏机、语言复读机、随身听、笔记本计算机、蜂窝电话等设备中。在电源适配器上都有一个铭牌，上面标示着功率、输入/输出电压和电流等指标。电源适配器的外形如图4-25(a)所示。LED台灯电源适配器输入电压DC 18V，电流1A。

（5）触摸开关LED台灯的电路原理图设计

基于ADA01组成的5W触摸开关LED台灯驱动器原理图，如图4-25(b)所示。

(a) 5W触摸开关LED台灯电源适配器

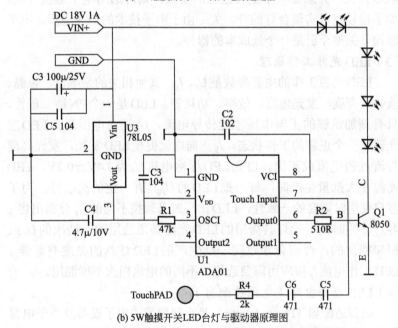

(b) 5W触摸开关LED台灯与驱动器原理图

图4-25 5W触摸开关LED台灯电源适配器与驱动器原理图

实例 30 触摸调光灯

SJT0801 是适用于 LED 灯光亮度调节的触摸式调光 IC，有无段调光和四段调光两种调光模式，灯光亮度可根据需要随意调整，操作简单方便；SJT0801 可在非导电类材质（如玻璃、亚克力、塑胶等材质）的隔离下达到触摸调光功能，具防尘、防水、防刮、坚固耐用及安全性高等优点；触摸感应按键的灵敏度可根据实际需要自由调节，外围元件少，应用电路非常简单，降低了生产成本。

SJT0801 具备环境温度及湿度的自动适应能力，不会受天气变化影响其灵敏度及工作稳定性。涵盖了低 EMI/EMC 及高抗噪声电路设计，可防止来自外界的无线电、磁场、高压等干扰源，增强抗干扰能力。主要应用于触摸 LED 调光台灯、触摸 LED 调光壁灯、触摸 LED 手电筒、其他 LED 调光灯饰或需要 PWM 输出控制的触摸式产品。

（1）SJT0801 管脚定义

SJT0801 管脚见表 4-11。

表 4-11 SJT0801 管脚

管脚序号	名称	类型	功能描述	管脚序号	名称	类型	功能描述
1	LED-	O	触摸生效	5	TSP	I	电容触摸感应输入端
2	PWM	O	灯光控制信号	6	OPT	I	调光模式设置端
3	V_{SS}	P	电源负极	7	CSP	I	灵敏度电容负极
4	V_{DD}	P	电源正极	8	CSN	I	灵敏度电容正极

注：I—输入；O—输出；P—电源。

（2）应用原理图

触摸调光灯电路原理图如图 4-26 所示。

OPT：无段调光和四段调光的模式设置

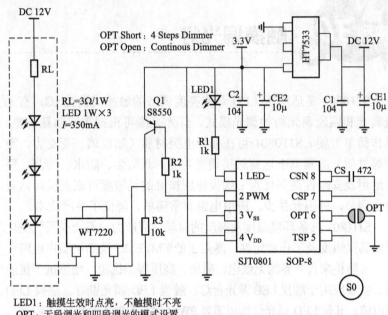

LED1：触摸生效时点亮，不触摸时不亮
OPT：无段调光和四段调光的模式设置

图4-26 触摸调光灯电路原理图

注：读者还可以对HT7533或WT7220芯片进行相关的知识的学习。

(3) 功能描述

1) 无段调光（OPT悬空）

① 上电时为OFF状态，短暂触摸（1 s内）一下感应电极，则由OFF转为ON，LED亮度由0%逐渐上升到100%的全亮状态。

② 长按触摸（1.5 s以上）循环调光：

a.若是处于OFF状态，长按时则从最小亮度开始循环调光；

b.若处于ON状态，在从当前亮度开始循环调光；

c.若循环调光为向高亮度调光，调至最高仍不放开手指，则自动向低亮度调节，调至最低仍未放开手指，则再次向高亮度调节，调节至所需要的亮度时，松开手指即可。

③ 长按循环调光的中途调光：长按循环调光的过程中松开手

指,则亮度停止在当前状态,再恢复长按循环调光时,调光方向改为反向调光,反向调光的目的是在长按调光的过程中若亮度调过头,可向回修正。

④ 记忆功能:每一次短按 ON/OFF 时,均会保持前一次调整的亮度。

2)四段调光(OPT 接地)

上电时为 OFF 状态,每触摸一次,灯光亮度依如下顺序提升一级:

OFF → 微亮 → 低亮 → 中亮 → 高亮 → OFF……依次循环。

(4) PCB 设计注意事项

① 在 PCB 上,感应焊盘距离 IC 管脚的连线(感应线)越短越好,感应线应距离覆铜或其他走线 2mm 以上,线径选 0.15~0.2mm。触摸板尽量不要覆铜。

② 感应焊盘的大小需依照面板材质、面板厚度等参数设定,可参见表 4-12 所示。

表 4-12 面板材质、面板厚度等参数设定

感应电极面积	亚克力	普通玻璃	ABS
6mm×6mm	1.0mm	2.0mm	1.0mm
7mm×7mm	2.0mm	3.0mm	2.0mm
8mm×8mm	3.5mm	4.0mm	3.5mm
10mm×10mm	4.5mm	6.0mm	4.5mm
12mm×12mm	6.0mm	8.0mm	6.0mm
15mm×15mm	8.0mm	12mm	8.0mm

③ 覆盖在 PCB 上的面板不能是导电类材料或金属成分,包括表面的涂料,更不能将整个金属壳作为感应电极。

④ V_{DD} 及 V_{SS} 必须用电容器作滤波,在布线时滤波电容必须靠近 SJT0801 放置。

⑤ 灵敏度调节电容 CS 的标准值是 4.7nF(472);CS 电容的容量值越小,灵敏度越高,反之,则越低。应在 2.2~10nF(222~103)之间调节。

⑥ 灵敏度电容 CS 必须使用温度系数小且稳定性佳的电容，如 X7R、NPO 等。对于触摸应用，推荐使用 NPO 材质电容，以减少因温度变化对灵敏度产生的影响。在布线时，灵敏度调节电容一定要远离功率元器件、发热体等。

⑦ 覆铜注意事项：若触摸板附近会有无线电信号或高压器件或磁场，应用20%的网状接地铜箔覆铜，但感应焊盘下面、SJT0801 附近尽量避免覆铜。覆铜需距离感应焊盘4mm，距离感应线2mm 以上。

⑧ 感应焊盘可以是不规则形状，比如椭圆形、三角形及其他不规则形状。感应焊盘中间允许穿孔，以装饰 LED 指示灯等。若感应焊盘无法靠近面板，可用弹簧将感应线牵引到面壳上，弹簧上方需加一金属片作为感应电极。不可用普通导线连接感应线和感应电极。

第5章 门铃与报警类小制作

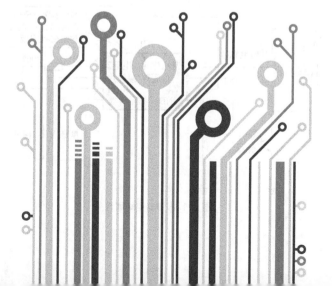

门磁报警器制作

在市场上,利用磁铁作为启动信号的报警器已非常普遍,当将磁铁和报警器靠近时,报警器不发声,而当磁铁与报警器移开时,报警器便发出响亮的报警声。这种报警器安装简单,体积小巧,只要三节AG13纽扣电池供电就可以正常工作,将报警器主机安装于固定不动的门框上,而将带有磁铁的部件安装于移动的门上,当门关上时,磁铁与报警器主机结合在一起,不报警,而当有人进入时,必定打开门,此时门的转动带动了门上的磁铁部件,使得报警器主机与磁铁分开,报警器发出响亮的报警声。

(1)工作原理

报警器电路原理图如图5-1所示。

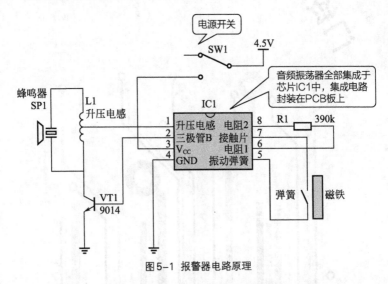

图5-1 报警器电路原理

打开电源开关SW1，报警器得电工作。当磁铁与弹簧靠得较近时，磁铁的磁场将弹簧吸向磁铁方，动、静开关片接通，系统处于预警状态。而当磁铁移开时，弹簧失去磁场，恢复到原始位置，这时动、静触点断开，产生一个报警信号，IC1收到报警信号后，经R1振荡电阻，在内部产生音频信号，经信号输出端，送入VT1，进行功率放大，放大后的音频信号经升压电感耦合，变成一个较高电压的音频信号，驱动蜂鸣器发出响亮的报警信号。

（2）元器件清单

器件和材料如表5-1所示。

表5-1 器件和材料的参数

序号	标号	名称	参数	数量	备注
1	R1	电阻	390kΩ	1	
2	L1	升压电感	—	1	
3	VT1	三极管	9014	1	
4	SW1	开关	拨动开关	1	
5		振动弹簧		1	
6		振动接触片		1	
7		弹簧安装片		1	
8	SP1	蜂鸣器	$\phi 27$	1	
9		红导线	4cm	1	
10		黑导线	4cm	1	
11		纽扣电池	AG13	3	
12		PCB		1	有芯片焊接在PCB上
13		电池正簧片		1	
14		电池负簧片		1	
15		前盖		1	
16		后盖		1	
17		电池盖		1	
18		磁铁		1	
19		磁铁盒		1	
20		磁铁盒盖		1	

(3) 门磁报警器安装

在门磁报警器制作中,由于音频振荡器全部集成于芯片中,所以外围电路较为简单,只要元件安装正确,一般都能成功。

注:门磁报警类的芯片比较多,有兴趣的读者可以自行查阅相关的资料,在这里不作介绍。

➢ **三极管和电感的安装** 三极管有B、C、E三个极,安装时不能将三极管的方向插反,门磁报警器中要用到一个三极管,型号是9014,其中间脚为基极(B),当三极管正面对自己,其极性是E、B、C,方向装反时,正好将E极和C极调换,这样电路就不工作。

同样,对于电感的安装也是如此,在安装电感之前,用万用表 $R \times 1$ 挡测量电感电阻,以确定三个引脚,具体方法为:1、3脚间电阻最大,1、2脚间第二,2、3脚电阻最小,用万用表测电阻阻值的方法找出电感引脚1、2、3后,然后根据电路原理图按对应的位置进行电感焊接,如图5-2所示。

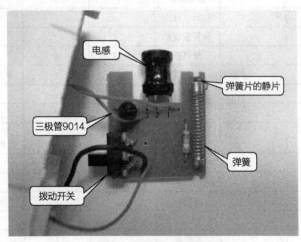

图5-2 三极管和电感的安装

➢ **弹簧片的安装** 弹簧片的安装也是门磁报警器制作较为关键的一步,弹簧片的静片可用剪下的电阻引脚进行制作,当磁铁与报警器分开时,必须保证弹簧与静片保持足够的距离,若不管磁铁移开与否,弹簧与静片始终是相碰的,则芯片就永远无法检测到报警信号,因此也就不会报警了,最为理想的安装距离应为:磁铁靠近时,弹簧与静片接触,而当移开时,两者分开距离在3mm左右,具体制作时,可以根据实际情况进行调整,弹簧与静片距离直接影响到报警器的灵敏度。

➢ 蜂鸣器引线的焊接　初学者在焊接蜂鸣器引线时,经常会把蜂鸣器搞坏,焊接时有一定的技巧,在这具体介绍一下焊接蜂鸣器引线的操作方法。

上锡包括两方面,一是蜂鸣器片上的上锡,二是引线的上锡。蜂鸣器片上的上锡最关键的是中间正极引线的上锡,由于上面涂有陶瓷粉,上锡时功率太大的电烙铁会把陶瓷粉给烫坏,一定要掌握好上锡时间的同时必须用较好的焊锡丝,一般选用60度(含锡量60%)以上,焊接时流动性好,将电烙铁头与焊锡丝一起靠在蜂鸣器片中间位置,当看到锡流动到蜂鸣器片上时,马上将焊锡丝和电烙铁移开就上好锡了,对于蜂鸣器片边沿引线即负极的上锡,方法和前述基本相同,最好在上锡前先用刀片刮一下,去除需要上锡表面的氧化层,更容易上锡。上好锡的蜂鸣器如图5-3所示。

图5-3 焊接蜂鸣器

注:实际制作中,装好后门磁报警器能报警,但声音偏小,主要是蜂鸣器片没有可靠地装入助声腔造成的。在安装时必须先将蜂鸣器片一端装入助声腔,另一端装时用小螺丝刀等将塑料助声腔往外拨一下,同时用手将蜂鸣器片推到位,好后用电烙铁在助声腔边

上烫三个点，以固定蜂鸣器片。

➢ 电源引线的焊接　电池极性若是装反，不但报警器不会响，还会损坏芯片。纽扣电池的极性与一般5号电池不一样，它的中间为负极，而外面一圈为正极，这一点在电池上标有一个"+"符号，就表示正极，若无法区分极性，也可用万用表进行测量，以确保不损坏芯片。在与电池簧片引线焊接时，正确的安装方法为：装有弹簧的那一片接正极，没有弹簧的那个簧片接负极。

（4）功能调试

全部元件安装完毕要进行整机的调试。装上电池，注意极性，正常时可以听到蜂鸣器中发出响亮的报警声，然后将磁铁靠近弹簧，应看到弹簧被吸引，直至吸至弹簧与静触片接触，这时报警停止，若靠近磁铁时弹簧被吸引看上去已靠上静片了，但报警声不停，说明弹簧与静片接触不良，可用刀刮下静片，去除氧化层，再试；若移开磁铁仍不报警，查看弹簧片是否始终与静片相碰，只要仔细检查，一般都可以处理好。调试完成后，将外壳装好，装上电池，靠近磁铁，报警停止；移开磁铁报警响起，将两者用泡沫胶粘于门、窗上，一款门磁报警器便制作完成了。门磁报警器如图5-4所示。

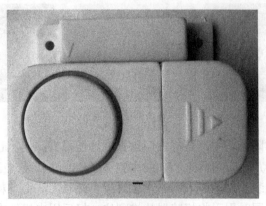

图5-4 门磁报警器

实例 32 红外线对射报警器

红外线防盗报警早已为人们所熟知，在公司、家庭中经常使用。在一些室外的防盗系统中，普遍采用了红外对射的方式进行布防，只要有人入侵，人体将红外线信号挡住，报警系统便会被启动。在实际运用中，经常会将多束红外光装为一套系统中，形成长的一排，即常说的"红外栅栏"，同时为了提高抗干扰性，将发射的红外信号进行编码加密，而在接收端则进行解码以区分是有用信号还是干扰信号。

（1）电路工作原理介绍

红外线对射防盗报警器电路原理图如图5-5所示。

电路主要由电源电路、红外线发射电路、红外线接收电路、逻辑处理电路和报警电路组成。红外线发射电路是由三极管VT7、VT8及相关元件组成多谐振荡器，其振荡频率由电阻R14、R15和电容C8、C9的值决定，振荡信号从三极管VT7的集电极通过电阻R17输入三极管VT6的基极，经三极管VT6放大后驱动红外线发射管向外界发射信号。当发射管与接收管之间没有物体时，发射的红外信号被二极管VD7接收，经三极管VT1、VT2两级放大后，从三极管VT1集电极经电容C4耦合送入倍压整流电路，形成一个直流控制电压，使得三极管VT5饱和导通，集成电路IC1的8、9脚输入低电平，经"非"逻辑处理后，10脚输出高电平，集成电路IC1的3脚输出高电平，这个高电平一路经电阻R8将集成电路IC1的13脚电平拉高，从而保持3脚的高电平输出，另一路使三极管VT3保持截止，报警电路不工作。

当发射管与接收管之间有物体时，发射的红外线信号就被挡住，

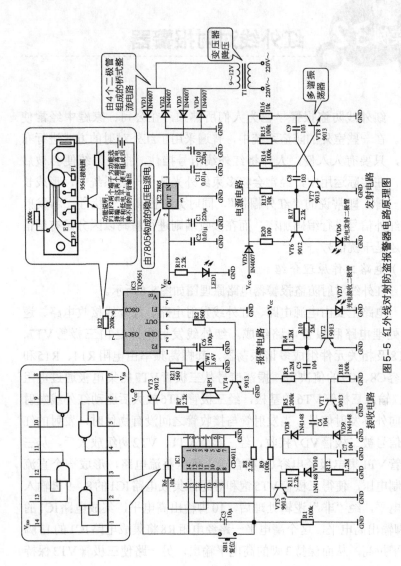

图 5-5 红外线对射防盗报警器电路原理图

注：发射与接收二极管一般采用对管。

二极管VD7收不到信号，此时倍压整流电路输出的信号电压很低，三极管VT5截止，整个电路状态发生变化，集成电路IC1的12脚变为低电平，集成电路IC的13脚输出低电平，这个低电平信号一方面经电阻R8使集成电路IC1的3脚变为低电平，这时集成电路IC1的12脚电平变为高电平，但与非门的关系中只要有一个输入端为低电平，输出便为高电平，因此输出状态被锁定，将维持集成电路IC1的3脚输出低电平，同时使VT3饱和导通，报警电路得电工作，喇叭中便发出报警声。这里报警信号发生电路采用了专用音乐集成电路，上电后便产生报警音频信号，经三极管VT4功率放大后驱动扬声器发音。若要解除报警，必须同时具备两个条件：一是正常接收到红外信号，二是集成电路IC1的13脚必须强制输入一个高电平信号。电路中的复位按键就是起到给集成电路的13脚强行输入高电平信号而设的。

（2）元器件清单

器件和材料如表5-2所示。

表5-2 器件和材料的参数

序号	标号	名称	参数	数量	备注
1	R1、R9、R14、R15、R18	电阻	100kΩ	5	
2	R2、R21	电阻	560Ω	2	
3	R3、R4、R12	电阻	1.2MΩ	3	
4	R5、R22	电阻	200kΩ	2	
5	R6、R13、R16	电阻	10kΩ	3	
6	R7、R8、R11、R17、R19	电阻	2.2kΩ	5	
7	R10	电阻	2MΩ	1	
8	R20	电阻	100Ω/1W	1	
9	C1、C10	电解电容	220μF/25V	2	
10	C2、C8、C9、C11	瓷片电容	103	4	50V
11	C3	电解电容	10μF/16V	1	
12	C4、C5、C7	瓷片电容	104	3	50V
13	C6	电解电容	10μF/16V	1	
14	VD1～VD5	二极管	1N4007	5	
15	VD6白、VD7黑	红外对管	—	2	
16	VD8、VD9、VD10	二极管	1N4148	3	
17	CW1	稳压二极管	3.6V	1	

续表

序 号	标 号	名 称	参 数	数 量	备 注
18	LED1	发光二极管	红 φ5	1	
19	VT1、VT2、VT4、VT5、VT7、VT8	三极管	9013	6	
20	VT3、VT6	三极管	9012	2	
21	IC1	集成电路	CD4011	1	
22	IC2	三端稳压	7805	1	
23	IC3	音乐集成电路	9561	1	
24	SB1	轻触按键	—	1	
25	SP1	扬声器	8Ω/0.25W	1	
26	—	接线柱	301-2P	4	
27	—	导线	RVV2×0.12	1	
28	—	接收线路板	WFS302-1	1	
29	—	发射线路板	WFS302-2	1	

注：表中红外对管、稳压二极管没有给出具体型号，读者可以自行确定，只要达到功能即可。

(3) 红外线对射报警器制作

图5-6所示为红外线对射报警器制作所有配件，电路板上各元件均有标识，制作者只要按电路原理图中的标识正确安装，就可以完成整个制作，其中一些元件在安装时需要注意以下几点。

➢ 元件安装时严格按线路板上标识安装，对于极性元件，注意不要反装。

图5-6 红外线对射报警器制作所有配件

- 报警声音乐集成电路IC3安装时,其振荡电阻R22直接装于IC3上,然后用剪下的电阻引脚从IC3上焊出引脚后再与线路板相接,焊好引脚的IC3如图5-7所示。

图5-7 焊好引脚的IC3

- 红外发射管与接收管安装时引脚要留有足够的长度,焊好后折弯,使两只管子与线路板水平放置。
- 电源变压器可采用功率不小于2W,输出交流电压在9～12V的变压器,在一些直流供电的场合,可直接用9～12V的直流电源进行供电。

整个红外对射报警器制作好后,如图5-8、图5-9所示。

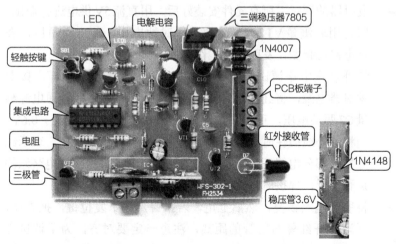

图5-8 红外线对射防盗报警器(电源电路、红外线接收电路、逻辑处理电路和报警电路)

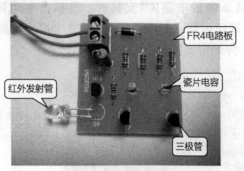

图5-9 红外线发射电路

（4）功能调试

> 所有元件安装好后接上电源，电源指示灯点亮，用万用表测量C1两端电压，正常应在5V左右，若不正常，应仔细查看IC2是否装反，四个整流二极管是否装反。

> 报警电路调试：用一导线将IC1的8、9脚与地短接，接通电源，此时报警电路应不工作，将VT3的C、E极短接，此时可听到喇叭中发出的报警声，若没有声音，应仔细检查音乐电路是否装错，喇叭是否接线正确等。

> 发射器的调试：所有元件安装好后，用直流5V供电进行调试，用万用表测量VT7或VT8的基极对地电压，若出现负压，表示电路已起振，发射电路工作正常。

> 红外接收电路调试：8、9脚对地的短接线先不要取掉，接上发射器电源，将红外线对管对齐，距离可以近些，接通电源测量C7两端电压，正常在红外线没有被挡住时，电压大于0.6V，当将红外线挡住时，电压小于0.5V，若符合这个规律，表示红外接收部分电路工作正常，否则就要仔细查看这部分电路元件是否装反，焊接时是否有虚焊或搭锡等情况。

> 将所有电路恢复，然后上电，若报警，按下复位键，报警停，逐渐拉开红外对射管的距离，注意一定要对齐，为了调试方便，这里所配连接线为50cm，然后将红外线挡住，此时报警，

将物体移开，报警依旧，按下复位键后报警解除，若功能正常，整个调试工作完成。

由于红外线肉眼无法看到，而红外线对射防盗报警器发射与接收管必须在一条水平线上对齐方能实现功能，为了方便初学者调试，对射距离控制在50cm以内，有兴趣的读者可以在本文介绍的基础上，通过增加发射管功率、选用高增益一体化红外接收头等措施来加大对射距离，从而将制作应用于更多的领域。

实例33 调频无线话筒的制作

无线调频话筒采用单管设计，具有电路简单、调试方便、效果好等特点，调试过程还具有相当的趣味性。

（1）电路工作原理

无线调频话筒主要由驻极体话筒和一只高频三极管9018组成，

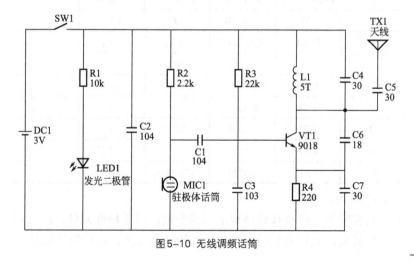

图5-10 无线调频话筒

三极管VT1及外围元件L1、C3、C4、C6、C7、R3、R4等组成高频振荡电路。驻极体话筒MIC1将声音信号变成电信号,通过C1耦合到VT1的基极,对高频等幅振荡电压进行调制,经过调制的高频信号通过C5耦合由天线向外发射。R3、R4为VT1的偏置电阻,R4组成直流负反馈电路,使得VT1的工作更加稳定。L1和C4决定了振荡中心频率,调整L1的匝数及匝间距离可以改变其振荡频率。无线调频话筒原理图如图5-10所示。

(2)元器件清单

无线调频话筒电路原理图元器件清单如表5-3所示。

表5-3 元器件清单

序号	标号	元件名称	型号规格	数量	备注
1	R1	电阻	10kΩ	1	
2	R2	电阻	2.2kΩ	1	
3	R3	电阻	22kΩ	1	
4	R4	电阻	220Ω	1	
5	C1、C2	瓷片电容	104	2	
6	C3	瓷片电容	103	1	
7	C4、C5、C7	瓷片电容	30	3	
8	C6	瓷片电容	18	1	
9	LED1	发光二极管	ϕ3	1	
10	VT1	三极管	9018	1	
11	MIC1	驻极体话筒	—	1	
12	SW1	拨动开关		1	
13	DC1	电池座	2032	1	
14	TX1	天线	—	1	
15	—	线路板	WFS-101A	1	

(3)安装注意事项

➢ 元件安装时严格按线路板上标识安装,对于极性元件,注意不要装反,元件安装时先焊电阻等较低的元件,最后装三极管。

➢ 驻极体话筒上没有引脚,安装时用剪下的电阻引脚从驻极体话筒上焊两根引脚出来,注意驻极体话筒上与外壳相连的一端为负极,装时与线路板上的地相连,否则装反将不能正常工作。安装好的无线调频话筒如图5-11所示。

图5-11 安装好的无线调频话筒

（4）功能调试

➢ 频谱仪调试　打开无线话筒电源开关,电源指示灯亮,将频谱仪调整到出现清晰的发射信号,同时查看发射信号的中心频率,若不在88～108MHz之间,应调整电感L1的匝间距离,使之落在这之间且没有当地电台信号的频率上。若没有看到有信号发射,应仔细检查线路板上是否有搭锡、虚焊等现象,及元件是否装错。如正常,可对准话筒吹气,此时从频谱仪上可看到发射的信号频率在中心频率两侧抖动。

➢ FM收音机调试　打开收音机,然后打开话筒开关,手持话筒,一边对话筒讲话一边对收音机进行搜台,直到收音机中传出自己的声音为止。将收音机的频率锁定,关掉话筒电源,若此时收音机中收到了电台的声音,说明无线话筒的频率与电台重合,此时应改变话筒发射频率,调整电感L1的匝间距离,开机继续上述调整,直到收到清晰的话筒声音又没有电台信号重合为止。

若要增大发射距离,可在电容C5处焊一截导线作为天线,具体长度可根据调试时的效果来自行决定。

 停电报警器制作

在一些场合，必须保证不间断地供电，或停电后必须通知操作者，使其知道已经停电，采取相应的措施。在这介绍一款停电报警器，市电正常供电时，报警处于监测状态，当市电停电时，马上发出报警声，提醒人们注意，现在已经停电，要采取相应的措施。本报警器应用于装有电子监控的防盗系统的场合时，能有效地配合其工作，当不法分子企图切断电源而使报警系统无法工作时，停电报警器便会事先发出报警。本制作采用两节5号电池供电，整个电路采用光电隔离系统设计，市电监测电路与报警电路没有电的直接联系，因此安全可靠，非常适合电子爱好者制作。

（1）电路工作原理

停电报警器电路原理图如图5-12所示。

停电报警器电路由报警电路和市电监测电路两部分组成。市电220V经二极管VD1整流后向监测电路供电，经电阻R5限流后，点亮发光二极管LED1，作为电源指示灯，同时向光耦N1提供初级电流，使其输出端导通，光耦输出低电平，同时集成电路IC2的第5脚同相输入端也为低电平输入，因为集成电路IC2（LM358）是双运算放大器，电阻R2、R3组成分压电路，为运放B设定电压U_2，当光电耦合器输出的电压$U < U_2$时，集成电路IC2输出低电平，报警器不工作；当市电停电后，光耦N1关断，此时集成电路IC2的5脚变为电源电压，其集成电路IC2输出端7脚输出高电平，通过电阻R7，使三极管VT2饱和导通，接通报警电路电源，发出报警信号。

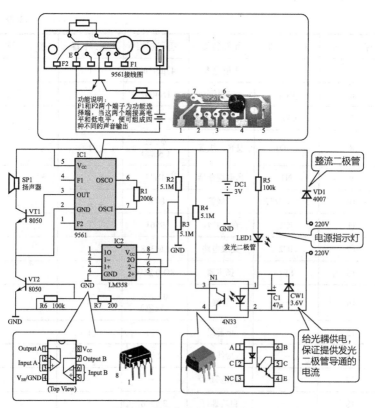

图5-12 停电报警器电路原理图

（2）元器件清单

停电报警器电路原理图元器件清单如表5-4所示。

表5-4 元器件清单

序号	标号	元件名称	型号规格	数量	备注
1	R1	电阻	200kΩ	1	
2	R2、R3、R4	电阻	5.1MΩ	3	
3	R5、R6	电阻	100kΩ	2	
4	R7	电阻	200Ω	1	

续表

序号	标号	元件名称	型号规格	数量	备注
5	C1	电解电容	47μF/16V	1	
6	VD1	二极管	1N4007	1	
7	CW1	稳压二极管	3.6V	1	
8	LED1	发光二极管	φ3红（长脚）	1	
9	N1	光电耦合器	4N33	1	
10	VT1、VT2	三极管	8050	2	
11	IC1	音乐芯片	9561	1	
12	IC2	集成电路	LM358	1	
13	SP1	扬声器	8Ω/0.25W	1	
14	—	导线	0.1×6（双色）	4	
15	—	电源线	—	1	
16	—	接线柱	2位	1	
17	—	电池簧片		3	
18	—	自攻螺钉	2.5×6	1	
19	—	自攻螺钉	3×6	1	
20	—	线路板	WFS-304		
21	—	盒子	含电池盖	1	

（3）功能调试

本制作电路是由两部分构成，焊接时只需按原理图焊接就行了，调试时也可独立进行。下面对功能调试作一个具体的介绍。

➢ 报警电路：将报警部分电子元件焊好后，可以先不焊光耦N1，先对报警电路进行调试。调试前先对集成电路LM358的5脚保留，装上电池，当引线与地相接时（或者用镊子将集成电路LM358的5脚与地短接），喇叭应不发出报警声，而集成电路

LM358的5脚与地当断开时,喇叭发出报警声。如果是这样,说明报警电路功能正常,报警电路调试完成。若不会发出报警声,可短接三极管VT2的C、E极,若发音了,说明电压比较器LM358有问题,应仔细检测电压比较器LM358电路是否有搭锡和虚焊等现象;若短接了三极管VT2还是不发声,说明报警信号电路有问题,应检查振荡电阻是否焊好。因为报警电路没有引脚,在焊接时可以利用电阻剪下的引脚,作为报警电路的引脚,焊接在报警电路上。

- 市电检测电路:元件焊好后,先不装电池,将电源插头插上,正常时可看到电源指示灯点亮,由于这部分电路是市电AC220V直接接入的,调试时可以用一个隔离变压器。制作者不要用手去碰元件的任何金属部分,否则容易触电。正常后装上两节5号电池,应听到报警声,插上电源插头后,电源指示灯点亮,报警声停止;然后拔下插头,报警声应响起,反复试验后,系统调试便完成。
- 发光二极管(LED)安装高度要与盒子高度相配合,LED的高度应保持在盖上盖子后,焊接时发光管刚好伸出盒子为宜。另外,电源线引出盒子时,一定要平放,否则盒子将无法正常盖上。

注:本电路还可以作为电线被盗的报警器,在使用时要注意场合,在报警器采用的AC220V输入信号作为检测信号。

实例35 双音电子门铃

本电路采用分立元件完成音频信号的产生,当按下门铃开关后,门铃便会交替产生两种不同音调的声音。

(1) 电路工作原理

双音电子门铃电路原理图如图5-13所示。

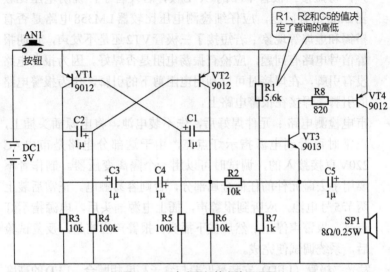

图5-13 双音电子门铃电路原理图

电路中三极管VT1、VT2及相关元件组成多谐振荡器,用以控制两种音调转换。由三极管VT3、VT4等组成音频振荡器。当三极管VT2导通时,相当于电阻R1与电阻R2并联,这时产生一种音调,当三极管VT2截止时,只有电阻R1参与音频振荡器工作,因此产生的是另外一种声音。

(2) 材料清单

双音电子门铃材料清单如表5-5所示。

表5-5 双音电子门铃材料清单

序 号	元件名称	标 号	型号规格	数 量	备 注
1	电阻	R1	5.6kΩ	1	
2	电阻	R2、R3、R6	10kΩ	3	
3	电阻	R4、R5	100kΩ	2	

续表

序号	元件名称	标号	型号规格	数量	备注
4	电阻	R7	1kΩ	1	
5	电阻	R8	820Ω	1	
6	电解电容	C1～C5	1μF	5	
7	三极管	VT1、VT2、VT4	9012	3	
8	三极管	VT3	9013	1	
9	扬声器	SP1	8Ω/0.25W	1	
10	接收盒	—	—	1	
11	按键盒	—	—	1	
12	按键弹簧	—	—	2	
13	按键金属条	—	—	1	
14	主机按键连线	—	二芯	1	
15	导线	—	0.1×6 红	1	
16	导线	—	0.1×6 蓝	3	
17	电池簧片	—	—	3	
18	自攻螺钉	—	2.5×6	7	
19	线路板	—	WFS-305	1	

（3）安装注意事项

➢ 三极管在安装时，一定要注意极性不要插反，严格按线路板上的标识或丝印安装。

➢ 在安装几个电解电容和三极管时，由于考虑到位置太高容易碰到扬声器，造成门铃的盖子无法盖上，因此在安装元件时，最好采用卧式安装，特别是C5，若位置安装不妥，很容易顶到喇叭。

➢ 门铃开关安装时可先将横担铁片按动部分装上，盖盖子时先将整个开关倒过来放,把弹簧放好,然后再将底盖盖上,注意要让弹簧竖直放置,盖上后再按一下按键,看是否按动灵活,若无误后,再拧上底盖螺钉。

➤ 门铃引出线伸出盒子前,先打一个结,这样可以保证引线不被拉断。

电子元件安装时,高度一定要控制好,否则元件会顶住喇叭,造成盖子无法盖上,若安装线路板的固定孔直接顶住喇叭,制作者可以在制作时先将安装固定脚用斜口钳剪掉,所留高度与盒子上另外两个挂扣高度相当即可,若拿到的盒子的线路板安装孔为低孔位的,则不需作任何处理。

实例36 555电路报警器

本电路的主要核心元器件是IC1(9561)和IC2(555)。前者为四声报警音乐集成电路,当接通电源后,便可产生四种不同的报警音频信号,在这设定成警车声,音频信号经三极管VT1放大后,驱动扬声器发音;IC2则是555时基电路,555时基电路应用非常广泛,根据不同的接法,可形成多谐振荡器、单稳电路、双稳电路等,在这里采用单稳态555电路。

(1)电路工作原理

555振动报警器电路原理图如图5-14所示。

平时水银开关断开,集成电路IC2的2脚为高电平,3脚输出为低电平,三极管VT2截止,报警电路不工作;当报警器有振动时,水银开关里的水银也一起振动,当把开关接通时,2脚便为低电平,这时集成电路IC2的输出状态发生变化,输出为高电平,三极管VT2导通，报警电路工作，与此同时，电解电容C1经7脚进行放电，使得集成电路IC2的6脚电压低于5脚，这时就算水银开关又断开，电路的输出状态也被锁定，直到集成电路IC2的6脚电压高于5脚时，电路才恢复到原来状态，这个过程的长短决定于电阻R1和电解电容C1的值，同时也决定了每次触发后报警时间的长短。报警后若要取消，只需按下AN1，这时6脚的电压变成接近电源电压，报警停止。555振动报警器的PCB板图如图5-15所示。

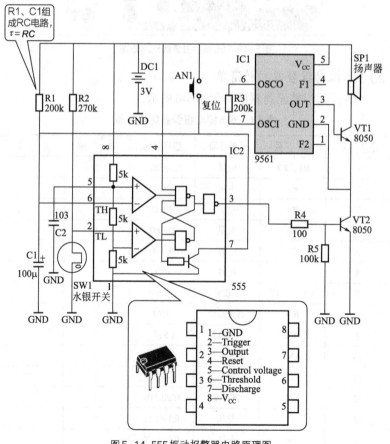

图5-14 555振动报警器电路原理图

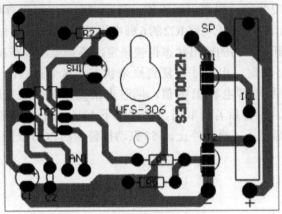

图5-15 555振动报警器PCB板图

(2) 555振动报警器材料清单

555振动报警器材料清单如表5-6所示。

表5-6 555振动报警器材料清单

序号	标号	元件名称	型号规格	数量	备注
1	R1、R3	电阻	200kΩ	2	
2	R2	电阻	270kΩ	1	
3	R4	电阻	100Ω	1	
4	R5	电阻	100kΩ	1	
5	C1	电容	100μF/16V	1	
6	C2	电容	103	1	
7	VT1、VT2	三极管	8050	2	
8	IC1	音乐芯片	9561	1	
9	IC2	集成电路	555	1	
10	AN1	轻触开关	0.9	1	
11	SW1	水银开关	—	1	
12	SP1	扬声器	8Ω/0.25W	1	
13	—	导线	0.1×6 红	5	
14	—	导线	0.1×6 黑	1	

续表

序号	标号	元件名称	型号规格	数量	备注
15	—	电池簧片	—	3	
16	—	自攻螺钉	2.5×6	1	
17	—	自攻螺钉	3×6	1	
18	—	盒子	含电池盖	1	
19	—	线路板	WFS-306	1	

（3）电路制作

元件焊接时，为了方便调试，可先不装水银开关，将555单稳态电路调试正常后，再焊上水银开关；复位开关安装时，把四个引脚往上扳，然后焊上引线，四个脚中两个里面是连在一起的，因此只需焊两个脚就可以了，具体是哪两个脚，可用万用表电阻挡进行测量，按下时接通，松开时断开的一组引脚就是所要焊引线的脚。

报警部分调试时，将三极管VT2的C、E极间短路一下，若有正常的报警声发出，说明报警电路工作正常，若不正常，应重点检查音乐芯片9561上的振荡电阻是否安装可靠；555单稳态电路调试时，只要按线路板上的标识进行焊接，基本无需调试。开始调试时用短接水银开关两焊点的办法来模拟，当工作正常后，再焊上水银开关。水银开关的状态平时应为断开，而有振动时，开关里面的水银应能可靠接通开关，这主要看开关的水平角度，具体调到什么程度，制作者需实际安装时确定。

实例 37. 叮咚门铃制作

叮咚门铃电路原理图如图5-16所示。

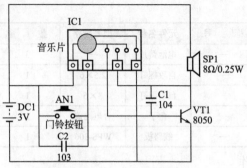

图 5-16 叮咚门铃电路原理图

（1）叮咚门铃材料清单

叮咚门铃材料清单如表 5-7 所示。

表 5-7 叮咚门铃材料清单

序 号	标 号	元件名称	型号规格	数 量	备 注
1	C1	瓷片电容	104	1	50V
2	C2	瓷片电容	103	1	50V
3	VT1	三极管	8050	1	
4	IC1	音乐芯片	叮咚音	1	
5	SP1	扬声器	8Ω/0.25W	1	
6	—	正簧片	—	1	
7	—	负簧片	—	1	
8	—	正负连接片	—	1	
9	—	接收盒	—	1	
10	—	连接线	红	2	
11	—	主机按键连线	二芯	1	
12	—	螺钉	2.6×6	6	
13	—	按键弹簧	—	2	
14	—	按键金属条	—	1	
15	—	按键盒	—	1	

（2）电路制作

叮咚门铃的材料如图5-17所示。

图5-17 叮咚门铃的材料

实例38 闪烁灯光门铃电路

闪烁灯光门铃不仅具有门铃的声音还可以通过家里的门灯发出闪烁的灯光，适合用于室内嘈杂环境时使用，也适用于有聋哑人的家庭。

（1）电路工作原理

闪烁灯光门铃电路原理图如图5-18所示。

由基本的门铃电路和灯光、声音延迟控制电路两部分组成。按下门铃按钮 SB，IC1 KD9300 音乐集成电路的 TRIG 端得到一个高电平，O/P 输出音乐集成电路中所储存的音乐信号，并通过三极管 VT1 的放大后从扬声器 B 中发出音乐。三极管 VT1 组成的放大电路通过集电极向三极管 VT2 基极输入一个放大信号，在二极管 VD1 的整流作用下，使得三极管 VT2 饱和导通。光耦合器 IC2 中的发光二极管发光，使得光耦合器的 4、5 脚之间呈现低阻抗性，使得 IC3 555 时基电路的 4 脚为高电平，IC3 电路开始起振（IC3 555 时基电路接成低频自激振荡），3 脚输出低频方波脉冲，通过 R3 触发晶闸管 VT3 的门极，VT3 导通，门灯开始闪烁。当音乐播完后，扬声器 B 停止发声，三极管 VT1、VT2 截止，使得 IC2 光耦合电路的 4、5 脚之间呈现高阻抗性，则 IC3 555 时基电路的 4 脚为低电平，使得 555 电路处于强制复位状态，此时 3 脚输出低电平，晶闸管 VT3 在交流过零时截止，门灯熄灭。此时电路处于等待下次按钮 SB 按下的初始状态。

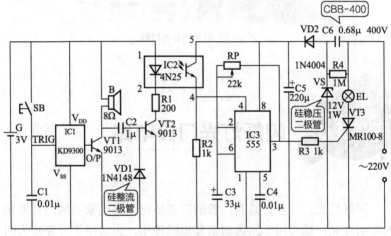

图 5-18 闪烁灯光门铃电路原理图

（2）闪烁灯光门铃电路的元器件

555 集成电路选用 NE555、μA555、SL555 等时基集成电路；IC1 选用普通的门铃芯片 KD9300；光耦合器型号为 4N25；三极管 VT1、VT2 为 NPN 型硅管 9013，$\beta \geq 100$；电阻器采用碳膜电阻器（1/4W）；晶闸管 VT3 型号为 MR100-8；扬声器为 $\phi 27mm \times 9mm$、8Ω、0.1W 超薄微型动圈式扬声器；C1、C2、C4 为瓷介电容器；

C3、C5为电解电容；C6为聚丙烯电容器；VD1为1N4148；VS为12V、1W的2CW105。

实例39. 分立式声光控开关

节电开关在白天或光线较亮时，节电开关呈关闭状态，灯不亮；夜间或光线较暗时，节电开关呈预备工作状态，当有人经过该开关附近时，脚步声、说话声、拍手声等都能开启节电开关。灯亮后经过40s左右延时节电开关自动关闭，灯灭。该开关适用于楼道、走廊、厕所等公共场合，能节电并延长灯泡使用寿命。该节电开关还有以下特点。

➢ 采用单线出入　可直接替代原手控开关，不用另接线，便于安装。

➢ 声控灵敏度高　在其附近的脚步声、说话声等均可将开关启动。

➢ 寿命长　该节电开关全部采用无触点元件，不用担心使用寿命。

➢ 耗电省　节电开关自身耗电小于0.5W。

（1）电路工作原理

声光控节电开关原理图如图5-19所示。

三极管VT1，电阻R1、R2、R3和电容C1组成声音放大电路。为了获得较高的灵敏度，三极管VT1的放大倍数（β）选用大于100。话筒MIC1也选用灵敏度较高的驻极体话筒。当有声音信号从MIC1接收后，经三极管VT1等组成的放大电路进行放大，由电容C2、二极管VD1、VD2组成的倍压整流电路将声音变成直流控制电压。电阻R4、R5以及光敏电阻RG组成光控电路，有光照时，光敏电阻的阻值较小，声音控制电压不足以使VT2导通，后续电路不工作；当光线较暗时，声音控制电压经电阻R5、R6分压后加在三极管VT2基极，使三极管VT2饱和导通，这使得三极管VT3也导通，在电路一上电时，由于单向晶闸管截止，直流高压经电阻R9、R10和二极管VD4降压后加到电解电容C3、稳压管CW1上端，对电解电容C3进行充电，当三极管VT3导通后，电解电容C3上的电荷经三极管VT3、二极管VD3转储到电解电容C4中，电解电容C4通过电阻R8把直流触发电压加到单向晶闸管的控制端，使其导通，灯泡就被点亮。灯的发光时间长短由电解电容C4和电阻R8的参数决定。可以修改电解电容C4和电阻R8的参数，改变发光时间的长短。

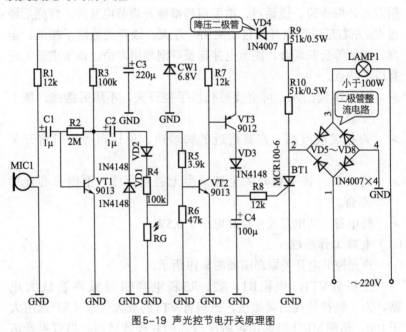

图5-19 声光控节电开关原理图

（2）元件清单

元件清单如表5-8所示。

表5-8 声光控节电开关原理图元件清单

序 号	标 号	元件名称	型号规格	备 注
1	R1	电阻	12kΩ	
2	R2	电阻	2MΩ	
3	R3、R4	电阻	100kΩ	
4	R5	电阻	3.9kΩ	
5	R6	电阻	47kΩ	
6	R7、R8	电阻	12kΩ	
7	R9、R10	1/2W 电阻	51kΩ	
8	C1、C2	电解电容	1μF/50V	
9	C3	电解电容	220μF/25V	
10	VD1、VD2、VD3	二极管	1N4148	
11	VD4、VD5、VD6、VD7、VD8	二极管	1N4007	
12	CW1	稳压二极管	6.8V	
13	VT1、VT2	三极管	9013	
14	VT3	三极管	9012	
15	MIC1	驻极体话筒	—	
16	BT1	单向晶闸管	MCR100-6	
17	RG	光敏电阻	625A	
18		接线柱	2位	

(3) 调试与安装

元器件的选用：三极管 VT1 和 VT2 选用 β 值大于100，穿透电流小的 NPN 型三极管，如9013、9014、3DG6等；三极管 VT3 选用 β 值大于100，穿透电流小的 PNP 型三极管，如9012、3CG2等；光敏电阻采用亮阻小于3kΩ，暗阻大于1MΩ的光敏电阻。单向晶闸管的触发电流要小，可选用 MCR100-6 或 MCR100-8。电阻 R9、R10 采用两个 51kΩ，0.5W 的电阻串联，以满足对电阻功率的要求。

制作时先将声音控制部分元件焊接完成，整流的4个二极管先不焊。用直流电源给电路供电，负端接地，正端接在二极管 VD4 的阴极。用万用表测量二极管 VD3 阳极的电压：在周围发出声音，如看到该处电压一高一低变化，而当没有声音时，该处电压为零，说明声音控制电路工作正常。在白天调试时，可先不焊光敏电阻，等全部正常后,再焊上光敏电阻。

声光控节电开关中元器件参数都经过计算与测试,只要焊接无误一般都能正常工作。元件焊好后的声光控节电开关如图5-20所示。

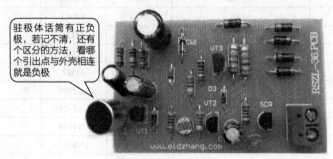

图5-20 声光控节电开关

（气泡注释：驻极体话筒有正负极,若记不清,还有个区分的方法,看哪个引出点与外壳相连就是负极）

如果出现开关启动后不能自动完全熄灭,可在R3上并接一个470pF的电容即可消除,如出现间歇振荡,可将R6减小到20kΩ左右即可消除。另外有一点需要特别声明,由于单向晶闸管的导通电流有限制,所以节电开关的负载功率不能超过100W,否则容易损坏元件。

注：由于该开关是市电直接引入的,调试时要注意安全,在通电时,不要用手去碰任何金属部位。同时可以结合前面的实例,控制前面实例所讲的灯具。

实例40 市电电压双向越限报警保护器

该报警保护器能在市电电压高于或低于规定值时,进行声光报警,同时自动切断电器电源,保护用电器不被损坏。该装置体积小、功能全、制作简单、实用性强。

（1）电路工作原理

市电电压双向越限报警保护器电路原理图如图5-21所示。

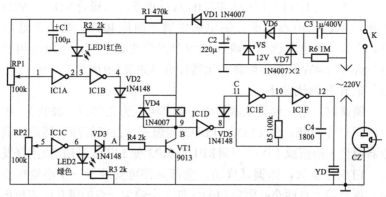

图5-21 市电电压双向越限报警保护器电路原理图

市电电压一路由电容C3、电阻R6阻容降压，经二极管VD6、VD7和电解电容C2整流滤波、稳压管VS稳压输出12V稳定的直流电压供给电路；另一路由二极管VD1整流、电阻R1降压、电解电容C1滤波，在电位器RP1、RP2上产生约10.5V电压检测市电电压变化输入信号。反相器门电路中IC1A、IC1B组成过压检测电路，门电路IC1C为欠压检测，门电路IC1D为开关，门电路IC1E、IC1F及压电陶瓷片YD等组成音频脉冲振荡器。三极管VT1和继电器K等组成保护动作电路。红色LED1作市电过压指示，绿色管LED2作市电欠压指示。

市电正常时，门电路IC1A输出高电平，门电路IC1B、IC1C输出低电平，LED1、LED2均截止不发光，三极管VT1截止，继电器K不动作，电器正常供电，此时B点为高电平，IC1D输出低电平，二极管VD5导通，C点为低电平，音频脉冲振荡器停振，压电陶瓷片YD不发声。当市电过压或欠压时，门电路IC1B、IC1C其中有一个输出高电平，使A点变为高电平，三极管VT1饱和导通，继电器K通电吸合，断开电器电源，此时B点变为低电平，门电路IC1D输出高电平，二极管VD5截止，反向电阻很大，相当于开路，音频脉冲振荡器起振，压电陶瓷片YD发出报警声，同时相应的LED点亮。

（2）元器件的选择

集成芯片IC可选用CD74HC04六反相器，二极管VD1～VD6选择1N4007，电容均选择铝电解电容，耐压400V，稳压管选用12V稳压，继电器选用一般DC12V直流继电器即可，电阻选用普通1/8W或1/4W碳膜电阻器。元器件清单如表5-9所示。

（3）制作和调试方法

调试时，用一台调压器供电，调节电压为正常值（220V），用一白炽灯作负载，使LED1、LED2均熄灭，白炽灯亮，然后将调压器调至上限值或下限值，调RP1或RP2使LED1或LED2刚好发光，白炽灯熄灭，即调试成功。全部元件可安装于一个小塑料盒中，将盒盖上打两个孔固定LED，打一个较大一点的圆孔固定压电陶瓷片，并用一个合适的瓶盖给压电片作一个助声腔，使其有较响的鸣叫声。

表5-9 元器件清单

序号	标号	元器件名称	型号规格	机号	备注
1	IC1	无反相器	CD74HC04	1	
2	VD1、VD6、VD7、VD4	二极管	1N4007	4	
3	VD2、VD3、VD5	二极管	1N4148	3	
4	C3	CBB电容	1μF/400V	1	
5	VS	稳压二极管	1N4742	1	
6	R6	电阻	1MΩ	1	
7	R2、R3、R4	电阻	2kΩ	3	
8	R1	电阻	470kΩ	1	
9	R5	电阻	100kΩ	1	
10	YD	压电陶瓷片	—	1	
11	K	继电器	JQC3FF	1	DC12V
12	C1	电解电容	220μF/25V	1	
13	C2	电解电容	100μF/16V	1	
14	LED1	发光二极管	φ3红	1	
15	LED2	发光二极管	φ3绿	1	
16	RD1、RD2	电位器	100kΩ	2	

第6章 仪器、仪表、单片机制作类

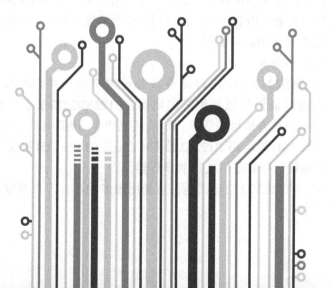

实例41 针对PT2262的解码器

(1) 选题背景

无线电技术现在已被广泛运用于遥控、遥测、遥感等领域，由于无线电通信会受到许多因素的干扰，因此在这些领域的应用中，对传输的数据都必须经过专门的编码处理，目前被广泛采用的格式便是脉宽调制。由于无线通信中数据传输全部采用串行传输，即每传输一个字节的信息，不是一次全部传输过去，而是将一个字节的信息拆成位来传输，在接收端再进行组合，还原出原始数据。编码芯片PT2262便是一款脉宽编码器，由于其价格低廉，因此在许多场合应用，一些汽车遥控锁、无线遥控卷帘门、各种遥控电子玩具等都配上了这款芯片。正是因为应用广了，使得对于这些遥控器的增配及维修等场所也相应较广，然而在实际操作中，要配成与原来系统密码及数据一样的遥控器必须在拆开后方能看清其地址及数据编码，使得操作非常麻烦。设计一款不用开盖，只需按下遥控器便可以知道其密码的解码器。在这利用单片机软件技术，来完成一款PT2262专用解码器的制作。

(2) 设计与分析

PT2262/2272是中国台湾普城公司生产的一种CMOS工艺制造的低功耗低价位通用编解码电路，PT2262/2272最多可有12位(A0～A11)三态地址端管脚(悬空,接高电平,接低电平),任意组合可提供531441地址码,PT2262最多可有6位(D0～D5)数据端管脚，设定的地址码和数据码从17脚串行输出。

注：PT2262/2272案例是目前使用最多的芯片，主要使用在防盗系统中。

编码芯片PT2262发出的编码信号由地址码、数据码、同步码组成一个完整的码字，换言之就是当按下用PT2262编码的遥控器时，它就会向空中发送一串串包含以上信息的无线电波信号。只要将无线电波进行接收，并解码，然后通过指示灯等形式进行锁存显示，便可以使操作者清楚地知道遥控器发送的地址及数据密码。

PT2262的编码协议如图6-1所示。

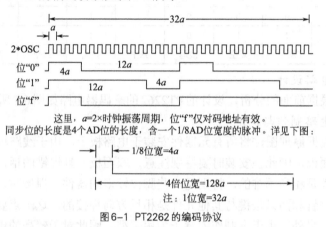

图6-1 PT2262的编码协议

地址位由三态组成，即高电平、低电平和悬空状态。PT2262在发送数据时每帧包括8位地址位和4位数据位，而每一位数据由两个脉冲组成，而在每帧信号之间都用同步位进行隔离，这样一帧数据由24个数据位组成。由于PT2262编码后发射的数据脉冲宽度与时钟频率有关，因此当15、16脚间所接振荡电阻不同时，所发送的数据脉宽也不同，为了便于制作解码器，选用了较为常用的1.5MΩ、3.3MΩ、4.7MΩ三种振荡电阻作为解码器的工作频率，这样做的缺点就是只能解这几种固定振荡电阻的数据信号。但从实际的应用中看，主要用的就是这几个阻值，所以基本能适应应用需要。

对于所解码的数据，可以通过发光二极管来进行显示，地址位用两个字节进行组合，即2个8位组合完成地址的显示，当数据为"1"时，就亮相应的发光管，为"0"时则不亮。分析PT2262关于地址编码协议：

- 数据"0" 表示为：0，0
- 数据"1" 表示为：1，1
- 数据"悬空" 表示为：0，1

这样，所读得的数据与地址的对应关系，如表6-1所示。

表6-1 数据与地址的对应关系

A0	A1	A2	A3	A4	A5	A6	A7
0	0	0	0	0	1	0	0
1	1	1	0	1	1	1	1
悬空	悬空	悬空	接地	悬空	接高	悬空	悬空

（3）电路设计

根据前面的分析，设计的PT2262的解码器电路如图6-2所示。

（4）电路制作与调试

根据原理图，将所有元器件安装于电路板上，由于线路板采用了双面板，因此在安装时要特别注意，双面板一旦焊错的话，要拆下元件是相当困难的，特别是一些脚位较多的器件。焊接时，各发光二极管和两只按键与其他元件是相反方向焊接的，这一点要特别注意。另外，由于本制作的盒子为扁平型，因此对于较高的电解电容的安装，全部采用焊好后横卧式安装，同时还有一块无线接收头也是相同的处理。焊接完成的电路板如图6-3、图6-4所示，制作时应仔细核对。

对于本制作的调试，由于主要控制过程由软件完成，因此调试起来相对较为简单。先不要将单片机装上，通电后，测量20脚集成电路插座的20脚对地电压和无线接收头的正电源端，两者均应为5V左右，若不正常，仔细检查78L05是否焊反，极性保护二极管是否焊反等。

电压若正常，检测显示电路，分别将三只开关三极管集电极与发射极短接，然后依次将20脚集成电路的11～19脚分别与地短接，可以看到每碰一脚，相应的发光二极管便被点亮，若发现有不亮的，应仔细查看相应的发光管是否有虚焊等。

无线接收部分的检测：供电电压正常后，测量无线接收模块数

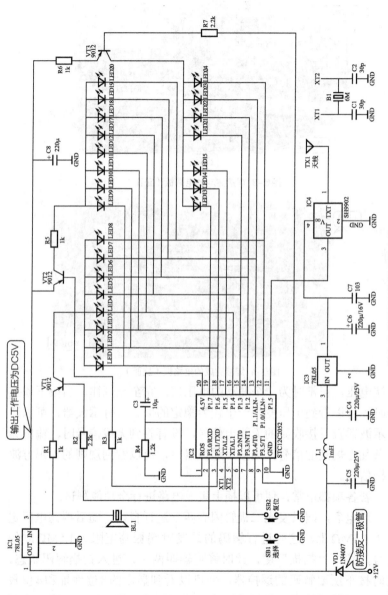

图 6-2 PT2262 的解码器电路

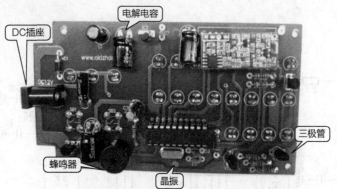

图6-3 焊接完成的电路板（正面）

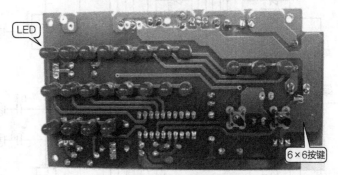

图6-4 焊接完成的电路板（反面）

据端电压，正常时为一个变动的电压值，完全无规律，当按下遥控器时，可以看到电压变为一个较为稳定的值。若有示波器，可以通过示波器查看接收到的无线电信号，没有收到无线信号时，输出为一杂乱无规则的信号，当按下遥控器时，可以看到规则的编码方波数据信号。

若各项都正常，便可以插上集成电路进行全功能测试。

通电后，四只发光二极管闪亮两下进行自检，随后振荡电阻定位于1.5MΩ上，这时进行解码的是发射端振荡电阻为1.5MΩ时的信号，按下"扫描"键，此时蜂鸣器叫两声，进入扫描解码状态，此时按下所要解码的遥控器，便可以看到显示的8位地址和4位数据值，系统解码成功后就地等待，若不按键，将一直保持刚接收到的数据,按下"扫描"键后,退出显示。若要再次进行解码,需再次按下"扫描"键,这个过程同前面一样。若所要解码的发射器采用的不是1.5MΩ振荡电阻,可通过"选择"键在1.5～4.7MΩ间进行选择。注意,要进行振荡电阻的选择,必须在空闲状态下进行,否则无效。

由于在空间中存在有无数无线电信号,凭肉眼无法看到,而本解码器进行的是通用型解码,即对所有接收到的同频率的无线电信号都进行接收判断,因此有可能出现在按了"扫描"键后,没有按遥控器,而出现解码的现象,这种情况是有可能接收到另外地方发射的无线电波信号也符合了PT2262编码协议,所以系统也进行了解码。为了避免这种情况的出现,在操作时,最好在按下"扫描"键,等蜂鸣器响两声后马上按所要解码的遥控器,这样可有效地去除干扰信号的影响。另外一点是,对所要解码的遥控器进行三次左右的解码,当三次完全一致时,便可确认解码准确。

制作完成的PT2262专用解码器照片如图6-5所示。

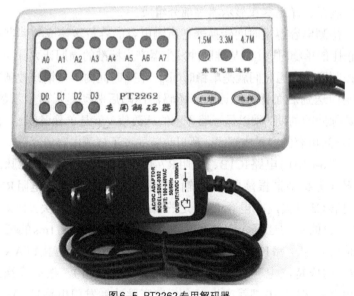

图6-5 PT2262专用解码器

实例42 三位数字显示电容测试表

广大电子爱好者都有这样的体会，中、高档数字万用表虽有电容测试挡位，但测量范围一般仅为1pF~20μF，往往不能满足使用者的需要，给电容测量带来不便。本电路介绍的三位数字显示电容测试表采用四块集成电路，电路简洁，制作容易，数字显示直观，精度较高，测量范围可达1nF~10^4μF，特别适合爱好者和电气维修人员自制和使用。

（1）电路工作原理

三位数字显示电容测试表电路原理图如图6-6所示。

电容表电路由基准脉冲发生器、待测电容容量时间转换器、闸门控制器、译码器和显示器等部分组成。

待测电容容量时间转换器把所测电容的容量转换成与其容量值成正比的单稳时间t_d。基准脉冲发生器产生标准的周期计数脉冲。闸门控制器的开通时间就是单稳时间t_d。在t_d时间内，周期计数脉冲通过闸门送到后面计数器计数，译码器译码后驱动显示器显示数值。计数脉冲的周期T乘以显示器显示的计数值N就是单稳时间t_d，由于t_d与被测电容的容量成正比，所以也就知道了被测电容的容量。

图6-6中门电路IC1B、电阻R7~R9和电容C3构成基准脉冲发生器（无稳多谐振荡器），其输出的脉冲信号周期T与电阻R7~R9和电容C3有关，在电容C3固定的情况下通过量程开关K1b对R7、R8、R9的不同选择，可得到周期为11μs、1.1ms和11ms的三个脉冲信号。门电路IC1A、集成电路IC2、电阻R1~R6、按钮AN及电容C1构成待测电容容量时间转换器（单稳电路）。按动一次AN，门电路IC2B的10脚就产生一个负向窄脉冲触发门电路IC1A，其5

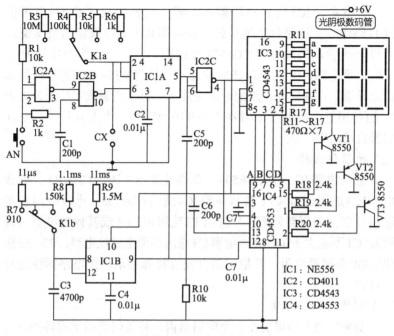

图6-6 三位数字显示电容测试表电路原理图

注：电源供电电路，读者可以结合前面的实例自行设计（如采用7806的端稳压器）。

脚输出一次单稳高电平信号。电阻R3~R6和待测电容CX为单稳定时元件，单稳时间 $t_d=1.1(R_3 \sim R_6)C_X$。

集成电路IC4、门电路IC2C、电容C5、C6和电阻R10构成闸门控制器和计数器，集成电路IC4为CD4553，其12脚是计数脉冲输入端，10脚是计数使能端，低电位时集成电路CD4553执行计数，13脚是计数清零端，上升沿有效。当按动一下AN后，IC4的13脚得到一个上升脉冲，计数器清零同时门电路IC2C的4脚输出一个单稳低电平信号加到集成电路IC4的10脚，于是集成电路IC4对从其12脚输入的基准计数脉冲进行计数。当单稳时间结束后，集成电路IC4的10脚变为高电平，集成电路IC4停止计数，最后集成电路IC4通过分时传递方式把计数结果的个位、十位、百位由它的9脚、7脚、6脚和5脚循环输出对应的BCD码。

集成电路IC3构成译码器驱动器，它把集成电路IC4送来的BCD码译成十进制数字笔段码，经电阻R11~R17限流后直接驱动七段数码管。集成电路CD4553的15脚、1脚、2脚为数字选择输出端，经电阻R18~R20选择脉冲送到三极管VT1~VT3的基极使其轮流导通，这两部分电路配合就完成了三位十进制数字显示。电容C7的作用是当电源开启时在电阻R10上产生一个上升脉冲，对计数器自动清零。

（2）元器件选择

集成电路IC1选用NE556；集成电路IC2选用CD4011；集成电路IC3选用CD4543；集成电路IC4选用CD4553。七段数码管可选用三字共阴极数码管。VT1~VT3选用8550（或其他PNP型三极管）。C1不应大于0.01μF，电容C3选用小型金属化电容。R3~R9选用1/8W金属膜电阻。其他元器件没有特殊要求，按电路标注选择即可。

（3）制作与调试方法

安装好的电路可装在一个塑料盒内，将数码管和量程转换开关装在面板上。在制作和调试时，关键是要调出11μs、1.1ms和11ms的三种标准脉冲信号，调试时需要借助一台示波器，通过调整电阻R7、R8和R9三个电阻的阻值，就可方便地得到这三个脉冲信号，电路中的电阻R7、R8、R9的阻值是实验数据，仅供参考。电路其余部分无需调试，只要选择良好器件，安装正确无误，并在量程转换开关处标注相应倍率，就可得到一个经济实用、准确可靠的数字电容表。

（4）使用方法

在测试电容时，把计数结果乘以所用量程的倍率得到的数值就是被测电容的容量。例如，当基准脉冲周期为1.1ms，定时电阻为10kΩ时，量程倍率为0.1μF，若测一个标称容量为4.7μF的电容，按动一下AN后结果显示为49，该电容的容量就为49×0.1μF=4.9μF。

说明：在使用1~999pF量程时，由于分布电容的影响，测量结果减去分布电容值才是被测电容的准确值。可以这样测出该电容表的量程分布电容值,把量程打在1~999pF挡,在不接被测电容的情况下,按动一下AN按钮,测得计数结果就是该挡的分布电容值,经实验该数值一般为10pF左右。

表6-2列出了各挡量程的组成关系。

表6-2 各挡量程

基准脉冲周期	定时电阻R	测量范围	倍　率
11μs	10MΩ	1~999pF	×1pF
11μs	100kΩ	1~9.99nF	×0.1nF
11μs	10kΩ	10~999nF	×1nF
1.1ms	10kΩ	1~99.9μF	×0.1μF
11ms	1kΩ	100~9990μF	×10μF

实例43 MF47型指针万用表制作

MF47型指针万用表具有制作简单、实用性强等特点,是大、中专院校及电子爱好者开展电工、电子类实习的良好教具。万用表作为电气测量的最基本仪器,是每一位接触电子制作者必备的仪器,本套件制作完成后的产品性能和质量都可以和市面上所售成器相媲美,可以省掉再去买万用表的费用,因此它成为开展电工、电子类教学首选的套件,下面介绍MF47型指针万用表具体的制作过程。

(1)MF47型指针万用表原理介绍

MF47型指针万用表电路原理图如图6-7所示。

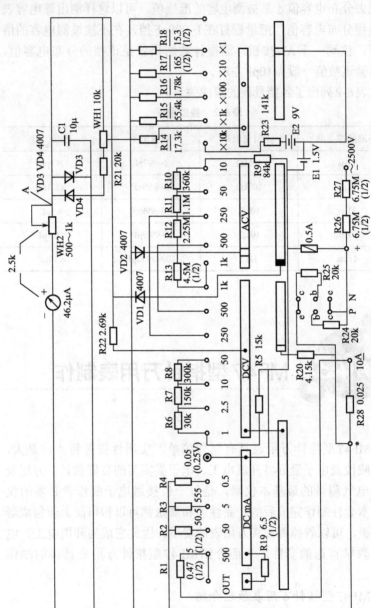

图6-7 MF47型指针万用表电路原理图

电路的测量核心为一款46.2μA的高精度指针表头，经过电阻电路组成的附属电路的处理，完成对电流、电压、电阻等电气参数的测量。

（2）制作过程

① 电阻的安装　线路板上元件安装面都有符号进行标注，只要正确读取每个电阻的值，就可以顺利完成电阻的对应安装，实际在学生进行安装时，错得最多的就是读不出色环电阻的阻值，结果无法找到相应的元件，对于这种情况，建议制作者找一数字万用表对准备安装的电阻进行测量，然后再找准位置进行安装。最好的方法是：先把所有1/4W的电阻全部对号入座，因为元件包中每个元件都只有一个，一旦装错电阻，肯定好几个元件都会装错，当把所有元件全部插好后，便可以检查是否有错插现象，若有，只需拔下来换一下便可，等全部电阻无误后，再进行焊接，这样不容易错。

注意：电阻R28实际是一根铜线。

② 三极管插座的安装　三极管插座是塑料盒子和里面的金属片分开的，安装时，先要将金属片装入塑料座中，然后才能焊到线路板上去。安装时一定要注意方向，插入后，其底部要折弯，如图6-8所示。

图6-8　三极管插座的安装

③ 开关弹簧片的安装　具体安装方式如图6-9所示。

④ 调整电位器与表针插座的安装　在对元件进行焊接时，其中四个表针插座、一个调整电位器和一个三极管插座必须是装于焊接面，这一点制作时一定要注意。安装完成后焊接面如图6-10所示。

图6-9 开关弹簧片的安装

说明：在焊接表针插座等面积较大的元件时，最好选用60W的电烙铁，否则功率太小的话，非常容易造成虚焊。

图6-10 调整电位器与表针插座的安装　　图6-11 制作好的万用表线路板元件面

制作好的万用表线路板元件面如图6-11所示。

⑤ 电池与表头接线说明　万用表用两种电池作为供电，常用的为一节5号电池，另一节9V重叠电池是测量10k挡电阻时才用，两者与线路板的接线，以及表头引线与线路板的接线如图6-12所示。

（3）调试说明

在没有校试设备的情况下，可用数字万用表进行校准，方法如下：焊好表头引线正端，数字表拨至20k挡，红表棒接A点，黑表棒接表头负端，调可调电阻WH2，使显示值为2.5k（温度为20℃），调好后焊好表头线负端。只要装配没有错误，通过上述方法，本表基本能校准，但有条件者最好用数字校验台校试。制作好的实物如图6-13所示。

图6-12 表头引线与线路板的接线

图6-13 制作好的实物

实例44 遥控电风扇控制器

HS8204风扇控制器是以电子式的触控开关和定时器取代传统机械式开关和定时器,除了保留原有传统风扇之常风及定时功能外,又增加了自然风和睡眠风,设计提供两组摆头功能实现立体摆头效果,更有一组独立式彩灯控制输出,配上特定编码器实现多通道遥远控制,大大提升其附加价值。

(1) 电路工作原理

原理图如图6-14～图6-16所示。

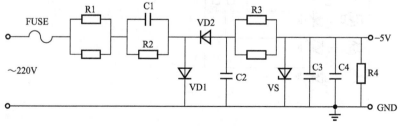
图6-14 电源电路原理图

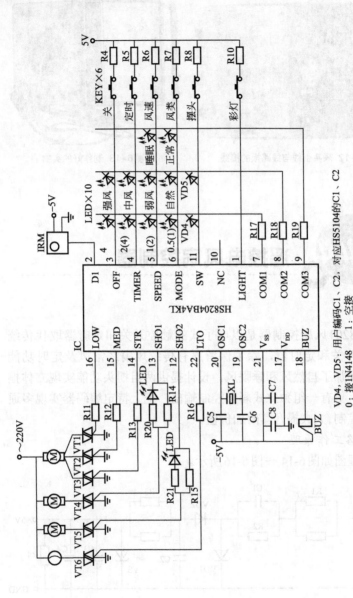

图6-15 控制电路原理图

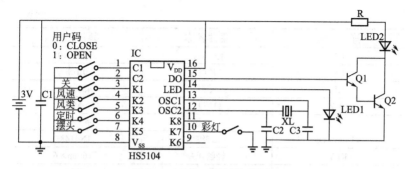

图6-16 HS5104发射器原理图

(2) 元器件清单

元器件清单如表6-3～表6-5所示。

表6-3 电源电路BOM表

符 号	器件名称	参 数
FUSE	保险丝	1A，250V
R1	碳膜电阻	2×180Ω/2W
R2	碳膜电阻	200kΩ/0.5W
R3	碳膜电阻	2×47Ω/0.25W
R4	碳膜电阻	1kΩ/0.5W
C1	聚丙烯电容	1.2μF，400VAC
C2	电解电容	470μF，16V
C3	电解电容	470μF，10V
C4	瓷片电容	0.1μF
VD1、VD2	二极管	1N4007
VD3	稳压管	5.1V，1W

表6-4 控制电路BOM表

符 号	器件名称	参 数
R4～R8	碳膜电阻	10kΩ，0.25W
R10～R15	碳膜电阻	470Ω，0.25W
R16	碳膜电阻	2MΩ，0.25W
R17～R19	碳膜电阻	100Ω，0.25W
R20，R21	碳膜电阻	560Ω，0.25W
C5，C6	瓷片电容	100pF

续表

符号	器件名称	参数
C7	电解电容	220μF，10V
C8	瓷片电容	0.1μF
XL	晶振	455kHz
BUZ	蜂鸣片	$\phi 27$
LED	发光二极管	$\phi 3 \times 12$
VD4，VD5	二极管	1N4148
KEY	轻触开关	□6mm×6
IRM	IR接收头	5302
IC	控制器	HS8204系列
VT1～VT6	晶闸管	MAC97A6

表6-5 HS5104发射器BOM表

符号	器件名称	参数
C1	电解电容	10μF，10V
C2，C3	瓷片电容	100pF
XL	陶瓷振荡器	455kHz
LED1	发光二极管	$\phi 3$
LED2	红外线发射管	LTE-5208A
R	碳膜电阻	4.7Ω，0.25W
Q1，Q2	三极管	9014或8050
IC	发射IC	HS5104

实例45 数显可调稳压电源

数显可调稳压电源输出电压从0～25V通过键盘可调，步进值0.1V，三位数码显示器显示出当前输出电压。

（1）电路原理图

如图6-17所示，主控部分由单片机AT89C2051担任，产生数据量并译码送数码显示。D/A转换芯片DAC0832附加一只运放芯

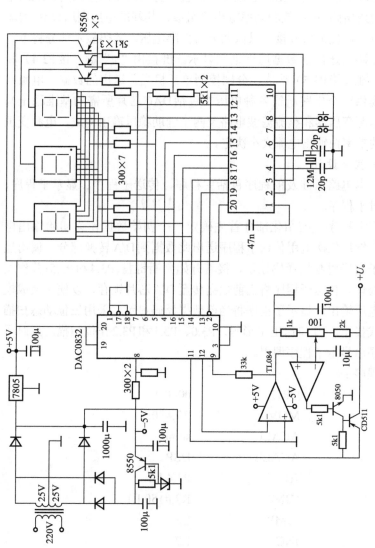

图6-17 数显可调稳压电源原理图

片TL084将单片机送来的数据转换成模拟电压，作为稳压输出部分的基准电压，此电压可通过键盘调整。稳压输出部分采用传统的串联稳压电路，由运放和功率输出管组成，其基准电压利用DAC的输出电压，反馈部分接一只微调电阻校准电压。数码显示部分将单片机译码后送出的数据用十进制显示。键盘由"+"键（接P3.4）和"-"键（接P3.5）构成，分别控制单片机当前送出的数据。电源部分提供整个电路所需各种电压（包括DAC芯片所需的基准稳压），由电源变压器和整流滤波电路及两个辅助稳压输出构成，电源变压器的功率由输出电流大小决定。

（2）程序设计

本电路所涉及的程序包括主程序、传送子程序、显示子程序、延时子程序。

主程序的初始化部分首先确定一个初始数据作为初始输出电压，然后依次调用传送子程序送出此数据到D/A转换部分，调用显示子程序对数据译码显示，接着开始判断键盘(P3.4和P3.5)并作相应处理。传送子程序将当前数据传至D/A芯片锁存，以便转换成模拟电压输出。显示子程序将当前数据译码显示，采用三位动态扫描方式显示，P1口送出字形码，P3.0、P3.1和P3.2作位扫描。延时程序由显示子程序调用。

主程序：

```
            ORG     0000H
            MOV     R7,#30
            ACALL   sump
L0:         ACALL   DSP
            JB      P3.4,L3
            CJNE    R7,#150,L1
            SJMP    L2
L1:         INC     R7
            ACALL   sump
L2:         ACALL   DSP
```

	JNB	P3.4,L2
L3:	JB	P3.5,L0
	CJNE	R7,#0,L4
	SJMP	L5
L4:	DEC	R7
	ACALL	sump
L5:	ACALL	DSP
	JNB	P3.5,L5
	SJMP	L0

传送子程序:

sump:	MOV	A,R7
	MOV	P1,A
	CLR	P3.7
	SETB	P3.7
	RET	

显示子程序:

DSP:	MOV	A,R7
	MOV	B,#100
	DIV	AB
	MOV	R5,A
	XCH	A,B
	DIV	AB
	MOV	R4,A
	MOV	R3,B
	MOV	DPTR,#DATA
	MOV	A,R5
	MOV	CA,@A+DPTR
	MOV	P1,A
	CLR	P3.3

```
        ACALL       DLY
        SETB        P3.3
        MOV         A,R4
        MOVC        A,@A+DPTR
        MOV         P1,A
        CLR         P3.1
        ACALL       DLY
        SETB        P3.1
        MOV         A,R3
        MOV         CA,@A+DPTR
        MOV         P1,A
        CLR         P3.0
        ACALL       DLY
        SETB        P3.0
        RET
```

延时子程序:
```
DLY:    MOV         31H, #10
DY1:    MOV         30H, #250
        DJNZ        30H, $
        DJNZ        31H, DY1
        RET
```

实例46 触摸式延时照明灯

触摸式延时照明灯安装在家里的台灯上具有触摸自熄灭的功

能，在过道或家里的卧室中，只要用手摸下台灯上的金属装饰，台灯就会自动点亮，几分钟后，它自动熄灭，为夜间照明提供了方便。

（1）电路工作原理

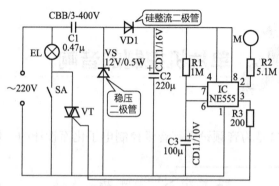

图6-18 触摸式延时照明灯电路原理图

触摸式延时照明灯电路原理图如图6-18所示。

在闭合SA时，台灯点亮，不受延时控制电路的控制。当断开SA时，如果触摸到电极片M时，通过电阻R2使得集成电路NE555的2脚的低电平触发端导通，NE555的3脚翻转为高电平，触发晶闸管VT导通，台灯被点亮。此时，电解电容C3开始充电，当充电结束后，NE555的6脚变为高电平，NE555的3脚翻转为低电平，晶闸管VT由于失去触发电流而处于截止状态，台灯熄灭。

AC 220V的交流电压经过电容C1、整流二极管VD1、稳压管VS、电解电容C2后，电解电容C2两端能输出12V的直流电压，给集成电路NE555供电。通过调节R1、C3可以调节台灯发光的时间。

（2）元器件选择

IC集成电路选NE555；VT选用触发电流较小的小型塑封的MAC9A4A双向晶闸管；

稳压二极管VS为2CW60；二极管VD1为1N4004；电阻R2为

金属膜电阻器（1/4W）；电阻R1、R3为碳膜电阻器（1/8W）；电容C1为聚丙烯电容器；电解电容C2、C3为电解电容。

单片机控制的音响

SC9153是为音频设备等音量控制电子化而设计的一块专用音

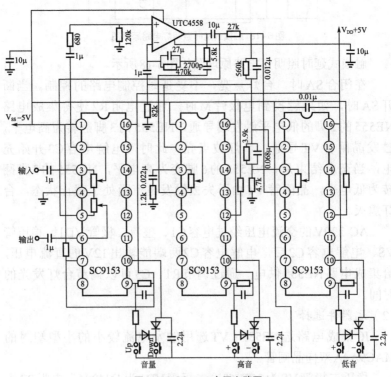

图6-19 SC9153应用电路图

量控制集成电路。该电路采用CMOS工艺制作,封装形式为塑封DIP16引脚双列直插式。

(1) SC9153应用电路(见图6-19)

(2) 电路原理图(见图6-20、图6-21)

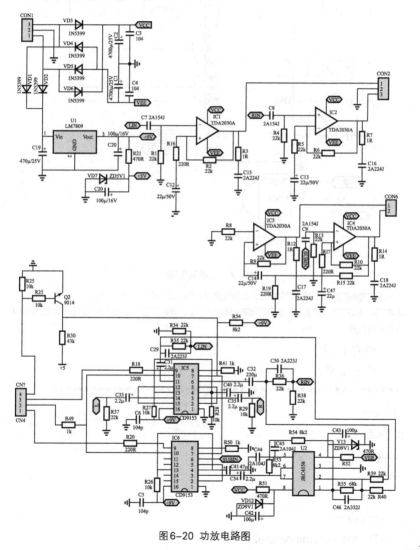

图6-20 功放电路图

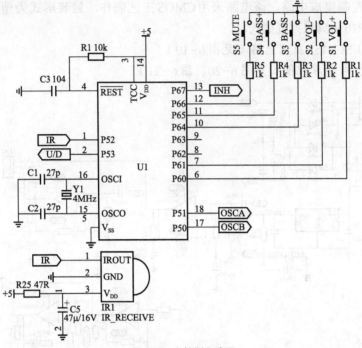

图6-21 主控制电路图

注：①主控制电路图的芯片是中国台湾的义隆单片机，型号为EM78P156。
②本电路可以完全仿制，但是遥控器的键值不一样，要进行修改。也可以设计与本程序相同键值的遥控器。

(3) 程序设计

程序清单：

;**
;Project:
;Client:
;Create:
;Data:
;Version:V0.0
;Description:
;2CH1 case,Volume control IC use SC9153;

```
;5keys on the Remoter as follow:MVOL+/-,SUB+/-,Mute.
;****************************************************
;REVISION:IR CODER REVISION
;=============>>>>>>><<<<<<<=============
INCLUDE"F:\Project\IncludeFile\EM78P156.INC"
;Defined the TEMP register
VOL_MAIN    EQU         0X10;
VOL_SUB     EQU         0X11;
;-------------------------------------------
STATE                   EQU     0X12;
    F_POW               EQU     0;
    F_MUTE              EQU     1;
    F_ERROR             EQU     3;
    F_REML              EQU     4;

ADJ                     EQU     0X13;
    F_MAIN              EQU     0;
    F_SUB               EQU     1;
    NEW_KEY             EQU     0X14;
    OLD_KEY             EQU     0X15;
    LST_KEY             EQU     0X16;

KREM                    EQU     0X17;
    K_MU                EQU     0;
    K_MD                EQU     1;
    K_SUBU              EQU     2;
    K_SUBD              EQU     3;

KCOM                    EQU     0X18;
    K_MUTE              EQU     0;
```

```
T_120MS      EQU   0X1F;
C_WIDTH      EQU   0X20;
T_REML       EQU   0X21;

T_3S         EQU   0X23;

X0           EQU   0X24;
X1           EQU   0X25;
Y0           EQU   0X26;
Y1           EQU   0X27;
I            EQU   0X29;
J            EQU   0X2A;
STATE_BUF    EQU   0X2B;
ACC_BUF      EQU   0X2C;

TIME         EQU   0X2D;
    F_8MS    EQU   0;
    F_120MS  EQU   1;
    F_500MS  EQU   2;
    F_DSP    EQU   3;
    F_SCAN   EQU   4;
    F_FLASH  EQU   5;
    F_END    EQU   6;

R_BIT        EQU   0X2E;
T_FLASH      EQU   0X30;
    B_FLASH  EQU   4;
    B_FLASH0 EQU   6;
    B_FLASH1 EQU   7;
```

```
T_8MS          EQU  0X31;
T_PRES         EQU  0X32;
BAK_KEY0       EQU  0X33;
BAK_KEY1       EQU  0X34;
T_KEY          EQU  0X35;
;===========>>>>>>>><<<<<<<<===========
;Defined the I/O Port
P9153          EQU  5;
    P_OSCA     EQU  0;
    P_OSCB     EQU  1;
    P_UD       EQU  2;
P9153A         EQU  6;
    P_INH      EQU  7;
PRMT           EQU  5;
    P_REC      EQU  3;
PKEY           EQU  6
;===========>>>>>>>><<<<<<<<===========
;Defined the TEMP data

INI_P5         EQU  0B00001000;
INI_P6         EQU  0B01110011;
IO_P5          EQU  0B00001000;
IO_P6          EQU  0B01110011;
P6_PU          EQU  0B10001100;
IO_DW          EQU  0B11111111;
IO_OD          EQU  0B00000000;

MIN_MAIN       EQU  66;
MIN_SUB        EQU  66;
MIN_VOL        EQU  66;
```

INI_VOL	EQU	40;
INI_MAIN	EQU	40;
V_8MS	EQU	4;
V_120MS	EQU	15;
V_3S	EQU	250;
V_NoneKey	EQU	0XFF;

;--
;IR Remote Code

CHECK_CODEL	EQU	0X02;
CHECK_CODEH	EQU	0XFD;
VALUE_MUTE	EQU	0XA1;
VALUE_SUBU	EQU	0XEE;
VALUE_SUBD	EQU	0XFE;
VALUE_MVUP	EQU	0XE0;
VALUE_MVDW	EQU	0XF0;

;===============>>>>>>>><<<<<<<<===============

VPLAN_VOLU	EQU	0XFE;
VPLAN_VOLD	EQU	0XFD;
VPLAN_SUBU	EQU	0XDF;
VPLAN_SUBD	EQU	0XEF;
VPLAN_MUTE	EQU	0XBF;

;===

	ORG	0X3FF;
	JMP	START;
	ORG	0X000;
	JMP	START;
	NOP;	
	NOP;	

```
            NOP;
            NOP;
            NOP;
            NOP;
            NOP;
            ORG     0X008;
            MOV     ACC_BUF,A;
            SWAP    ACC_BUF;
            SWAPA   STATUS;
            MOV     STATE_BUF,A;
            JMP     INTERRUPT;
;=============>>>>>>><<<<<<<=============
INI_RAM:
            MOV     A,@0X10;
            MOV     FSR,A;
L_CLEAR:
            CLR     INDF;
            INC     FSR;
            MOV     A,FSR;
            AND     A,@0X3F;
            XOR     A,@0X3F;
            JBS     STATUS,Z;
            JMP     L_CLEAR;
            CLR     INDF;
;-----------------------------------------
;Ram loading the initial value
            MOV     A,@INI_MAIN;
            MOV     VOL_MAIN,A;
            MOV     VOL_SUB,A;
            BS      STATE,F_POW;
```

```
                RET;
;===========>>>>>>><<<<<<<===========
INI_PORT:
                MOV       A,@INI_P5;
                MOV       PORT5,A;
                MOV       A,@INI_P6;
                MOV       PORT6,A;

                MOV       A,@IO_P5;
                IOW       PORT5;
                MOV       A,@IO_P6;
                IOW       PORT6;
                MOV       A,@P6_PU;
                IOW       P_UP;
                MOV       A,@IO_DW;
                IOW       P_DW;
                MOV       A,@IO_OD;
                IOW       P_OD;
                MOV       A,@0X80
                IOW       IOCE;
                RET;
;===========>>>>>>><<<<<<<===========
INI_INT:
                DISI;
                CLR       INTF;
                MOV       A,@0X03;
                CONTW;    1:64 To TCC
                MOV       A,@0X01;
                IOW INTC; Enable the TCC interrupt;
                ENI;
```

```
                RET;
;============>>>>>>><<<<<<<============
INI_9153:
        MOV         A,@35;          ;VOL--->MIN
        MOV         J,A;
        BC          P9153,P_UD;
VOLUME_MIN:
        BC          P9153,P_OSCB;
        BC          P9153,P_OSCA;
        CALL        DLY01MS;
        BS          P9153,P_OSCB;
        BS          P9153,P_OSCA;
        CALL        DLY01MS;
        DJZ         J;
        JMP         VOLUME_MIN;
        BC          P9153,P_OSCB;
        BC          P9153,P_OSCA;
;========================================
        MOV         A,@20;
        MOV         J,A;
        BS          P9153,P_UD;     ;INI VOL
VOLUME_INI:
        BC          P9153,P_OSCB;
        BC          P9153,P_OSCA;
        CALL        DLY01MS;
        BS          P9153,P_OSCB;
        BS          P9153,P_OSCA;
        DJZ         J;
        JMP         VOLUME_INI;
        BC          P9153,P_OSCB;
```

```
            BC          P9153,P_OSCA;
            RET;
;===========>>>>>>><<<<<<<===========
;===========>>>>>>><<<<<<<===========
;===========>>>>>>><<<<<<<===========
START:
            WDTC;
            CALL        INI_RAM;
            CALL        INI_PORT;
            CALL        INI_INT;
            CALL        INI_9153;
MAIN:
            WDTC;
            CALL        REMOTE;
            CALL        KEY_SCAN
            CALL        COMM_MUTE;
            JBC         STATE,F_MUTE;
            JMP         MAIN;
            CALL        COMM_MU;
            CALL        COMM_MD;
            CALL        COMM_SUBU;
            CALL        COMM_SUBD;
            JMP         MAIN;
;===========>>>>>>><<<<<<<===========
;===========>>>>>>><<<<<<<===========
COMM_MUTE:
            JBS         KCOM,K_MUTE;
            JMP         COMM_MUTE_EXIT;
            BC          KCOM,K_MUTE;
;=========>>>>>>>>>><<<<<<<<<<=========
```

```
        JBC             STATE,F_MUTE;
        JMP             MUTE_OFF;
;===============================================
MUTE_ON:
        BS              STATE,F_MUTE;
        BS              P9153A,P_INH;
        JMP             COMM_MUTE_EXIT;
;===============================================
MUTE_OFF:
        BC              STATE,F_MUTE;
        BC              P9153A,P_INH;
        CLR             KCOM;
        CLR             KREM;
COMM_MUTE_EXIT:
        RET;
;======>>>>>>>>>>>>><<<<<<<<<<=========
;======>>>>>>>>>>>>><<<<<<<<<<=========
COMM_MU:
        JBS             KREM,K_MU;
        RET;
        BC              KREM,K_MU;
        CALL            A_MAIN;
A_MU:
        MOV             A,VOL_MAIN;
        JBS             STATUS,Z;
        ADD             A,@254;
        MOV             VOL_MAIN,A

        BS              P9153,P_UD;
        NOP;
```

```
        BC          P9153,P_OSCB;
        BC          P9153,P_OSCA;
        CALL        DLY01MS;
        CALL        DLY01MS;
        CALL        DLY01MS;
        BS          P9153,P_OSCB;
        BS          P9153,P_OSCA;
        RET;
;------------------------------------------
A_MAIN:
        CLR         T_3S;
        CLR         ADJ;
        BS          ADJ,F_MAIN;
        RET;
;==========>>>>>>>><<<<<<<<==========
COMM_MD:
        JBS         KREM,K_MD;
        RET;
        BC          KREM,K_MD;
        CALL        A_MAIN;
A_MD:
        MOV         A,@2;
        ADD         VOL_MAIN,A;
        MOV         A,@MIN_VOL;
        SUB         A,VOL_MAIN;
        MOV         A,@MIN_VOL;
        JBC         STATUS,C;
        MOV         VOL_MAIN,A;

        BC          P9153,P_UD;
```

```
            NOP;
            BC          P9153,P_OSCB;
            BC          P9153,P_OSCA;
            CALL        DLY01MS;
            CALL        DLY01MS;
            CALL        DLY01MS;
            BS          P9153,P_OSCB;
            BS          P9153,P_OSCA;
            RET;
;==============>>>>>>><<<<<<<==============
;==============>>>>>>><<<<<<<==============
COMM_SUBU:
            JBS         KREM,K_SUBU;
            RET;
            BC          KREM,K_SUBU;
            CALL        A_SUB;
A_SUBU:
            MOV         A,VOL_SUB;
            JBS         STATUS,Z;
            ADD         A,@254;
            MOV         VOL_SUB,A
            BS          P9153,P_UD;
            BC          P9153,P_OSCA;
            CALL        DLY01MS;
            CALL        DLY01MS;
            CALL        DLY01MS;
            BS          P9153,P_OSCA;
            RET;
;------------------------------------------
A_SUB:
```

```
        CLR         T_3S;
        CLR         ADJ;
        BS          ADJ,F_SUB;
        RET;
;===========>>>>>><<<<<<===========
COMM_SUBD:
        JBS         KREM,K_SUBD;
        RET;
        BC          KREM,K_SUBD;
        CALL        A_SUB;
A_SUBD:
        MOV         A,@2;
        ADD         VOL_SUB,A;
        MOV         A,@MIN_VOL;
        SUB         A,VOL_SUB;
        MOV         A,@MIN_VOL;
        JBC         STATUS,C;
        MOV         VOL_SUB,A;

        BC          P9153,P_UD;
        BC          P9153,P_OSCA;
        CALL        DLY01MS;
        CALL        DLY01MS;
        CALL        DLY01MS;
        BS          P9153,P_OSCA;
        RET;
;===========>>>>>><<<<<<===========
;===========>>>>>><<<<<<===========
;===========>>>>>><<<<<<===========
REMOTE:
```

```
        JBS         PRMT,P_REC;
        JMP         START_REC;
;-------------------------------------------
        JBS         TIME,F_120MS;
        RET;
        BC          TIME,F_120MS;
        BC          STATE,F_REML;
        BC          TIME,F_500MS;
        RET;
;-------------------------------------------
START_REC:
        WDTC;
        CLR         C_WIDTH;
L_REC_LOW:
        JBC         PRMT,P_REC;
        JMP         REC_NEXT_LOW;
        CALL        DLY01MS;
        INC         C_WIDTH;
        MOV         A,@120;
        SUB         A,C_WIDTH;
        JBS         STATUS,C;
        JMP         L_REC_LOW;
        CLR         C_WIDTH;
        RET;
;-------------------------------------------
REC_NEXT_LOW:
        MOV         A,@60;
        SUB         A,C_WIDTH;
        JBC         STATUS,C;
        JMP         REC_HIG;
```

```
        CLR         C_WIDTH;
        RET;
REC_HIG:
        CLR         C_WIDTH;
L_REC_HIG:
        JBS         PRMT,P_REC;
        JMP         START_CODE;
        CALL        DLY01MS;
        INC         C_WIDTH;
        MOV         A,@55;
        SUB         A,C_WIDTH;
        JBS         STATUS,C;
        JMP         L_REC_HIG;
        CLR         C_WIDTH;
        RET;
;--------------------------------------------
START_CODE:
        MOV         A,@35;
        SUB         A,C_WIDTH;
        JBC         STATUS,C;
        JMP         REC_DATA;

        MOV         A,@15;
        SUB         A,C_WIDTH;
        JBC         STATUS,C;
        JMP         REC_END;
        CLR         C_WIDTH;
        RET;
;----------------RECEIVED DATA----------------
REC_DATA:
```

```
            CLR             C_WIDTH;
            MOV             A,@32;
            MOV             J,A;
L_REC_DATA_LOW:
            JBC             PRMT,P_REC;
            JMP             REC_DATA_HIG;
            CALL            DLY01MS;
            INC             C_WIDTH;
            MOV             A,@10;
            SUB             A,C_WIDTH;
            JBS             STATUS,C;
            JMP             L_REC_DATA_LOW;
            CLR             C_WIDTH;
            RET;
;---------------------------------------------
REC_DATA_HIG:
            CLR             C_WIDTH;
L_REC_DATA_HIG:
            JBS             PRMT,P_REC;
            JMP             REC_NEXT_BIT;
            CALL            DLY01MS;
            INC             C_WIDTH;
            MOV             A,@23;
            SUB             A,C_WIDTH;
            JBS             STATUS,C;
            JMP             L_REC_DATA_HIG;
            CLR             C_WIDTH;
            RET;
;---------------------------------------------
REC_NEXT_BIT:
```

```
            MOV      A,@12;
            SUB      A,C_WIDTH;
            RRC      X0;
            RRC      X1;
            RRC      Y0;
            RRC      Y1;
            CLR      C_WIDTH;
            DJZ      J;
            JMP      L_REC_DATA_LOW;
;----------------------------Remote Code check----------------------------
            MOV      A,@CHECK_CODEL;
            XOR      A,Y1;
            JBS      STATUS,Z;
            RET;
            MOV      A,@CHECK_CODEH;;
            XOR      A,Y0;
            JBS      STATUS,Z;
            RET;
            COMA     X1;
            XOR      A,X0;
            JBS      STATUS,Z;
            RET;
;----------------------------------------------
            MOV      A,@VALUE_MUTE;
            XOR      A,X0;
            JBC      STATUS,Z;
            BS       KCOM,K_MUTE;

            MOV      A,@VALUE_SUBU;
            XOR      A,X0;
```

```
        JBC         STATUS,Z;
        BS          KREM,K_SUBU;

        MOV         A,@VALUE_SUBD;
        XOR         A,X0;
        JBC         STATUS,Z;
        BS          KREM,K_SUBD;

        MOV         A,@VALUE_MVUP;
        XOR         A,X0;
        JBC         STATUS,Z;
        BS          KREM,K_MU;

        MOV         A,@VALUE_MVDW;
        XOR         A,X0;
        JBC         STATUS,Z;
        BS          KREM,K_MD;

        MOV         A,KREM;
        AND         A,@0B00001111;
        MOV         BAK_KEY0,A;

        BS          STATE,F_REML;
        BC          TIME,F_120MS;
        CLR         T_120MS;
        CLR         T_REML;
        RET;
;------------------------------------------
REC_END:
        CLR         T_120MS;
```

```
            BC        TIME,F_120MS;
            JBS       STATE,F_REML;
        RET;
            JBC       TIME,F_500MS;
            JMP       REC_L;
            INC       T_REML;
            JBS       T_REML,3;
        RET;
            BS        TIME,F_500MS;

REC_L:
            MOV       A,BAK_KEY0;
            MOV       KREM,A;
        RET;
;========>>>>>>>>>>>>><<<<<<<<<<<=========
;========>>>>>>>>>>>>><<<<<<<<<<<=========
KEY_SCAN:
        JBS       TIME,F_SCAN;
        RET;
        BC        TIME,F_SCAN;
;--------------------------------------------
        MOV       A,PKEY;
        OR        A,@0B10001100;
        MOV       NEW_KEY,A;
SAVE_KEYVALUE:
        MOV       A,NEW_KEY;
        XOR       A,OLD_KEY;
        JBS       STATUS,Z;
        JMP       NONE_KEY;
```

```
        MOV         A,NEW_KEY;
        XOR         A,@V_NoneKey;
        JBC         STATUS,Z;
        JMP         KEY_Realse;

        MOV         A,NEW_KEY;
        XOR         A,LST_KEY;
        JBC         STATUS,Z;
        JMP         SAME_KEY;

        MOV         A,NEW_KEY;
        MOV         LST_KEY,A;
;------------------------------------------
        MOV         A,@VPLAN_MUTE;
        XOR         A,NEW_KEY;
        JBC         STATUS,Z;
        BS          KCOM,K_MUTE;

        MOV         A,@VPLAN_SUBU;
        XOR         A,NEW_KEY;
        JBC         STATUS,Z;
        BS          KREM,K_SUBU;

        MOV         A,@VPLAN_SUBD;
        XOR         A,NEW_KEY;
        JBC         STATUS,Z;
        BS          KREM,K_SUBD;

        MOV         A,@VPLAN_VOLU;
        XOR         A,NEW_KEY;
```

```
            JBC         STATUS,Z;
            BS          KREM,K_MU;

            MOV         A,@VPLAN_VOLD;
            XOR         A,NEW_KEY;
            JBC         STATUS,Z;
            BS          KREM,K_MD;
            RET;
KEY_Realse:
            MOV         A,@100;
            MOV         T_PRES,A;
            CLR         LST_KEY;
            RET;
SAME_KEY:
            DJZ         T_PRES;
            RET;
            MOV         A,@20;
            MOV         T_PRES,A;
            MOV         A,@0B00110011;
            OR          LST_KEY,A;
NONE_KEY:
            MOV         A,NEW_KEY;
            MOV         OLD_KEY,A;
            RET;
;==========>>>>>>>>>>>>> <<<<<<<<<<<<<==========
;================================================
DLY01MS:
            WDTC;
            MOV         A,@50
            MOV         I,A
```

```
L_DLY01MS:
    NOP;
    DJZ         I;
    JMP         L_DLY01MS
    RET
;==========>>>>>>>>>>>><<<<<<<<<<<==========
DLY05S:
    MOV         A,      @200;
    MOV         I,      A;
L_DLY0:
    WDTC;
    MOV         A,      @250;
    MOV         J,      A;
L_DLY1:
    JMP         $+1;
    JMP         $+1;
    JMP         $+1;
    JMP         $+1;
    JMP         $+1;
    JMP         $+1;
    JMP         $+1;
    JMP         $+1;
    NOP
    DJZ         J;
    JMP         L_DLY1;
    DJZ         I;
    JMP         L_DLY0;
    RET;
;==========>>>>>>>>>>>><<<<<<<<<<<==========
DLY15US:
```

```
        MOV      A,    @5;
        MOV      I,    A;
L_15US:
        JMP      $+1;
        JMP      $+1;
        JMP      $+1;
        DJZ      I;
        JMP      L_15US;
        RET;
;========>>>>>>>>>>>><<<<<<<<<<<========
HTD:
        MOV      Y0,A;
        CLR      X0;
L_HTD:
        MOV      A,@10;
        SUB      A,Y0;
        JBS      STATUS,C;
        JMP      HTD_EXIT;
        INC      X0;
        MOV      Y0,A;
        JMP      L_HTD;
HTD_EXIT:
        SWAP X0;
        MOV A,Y0;
        OR A,X0;
        MOV X0,A;
        RET;
;========>>>>>>>>>>>><<<<<<<<<<<========
```

```
;=======>>>>>>>>>>>><<<<<<<<<<=======
;=======>>>>>>>>>>>><<<<<<<<<<=======
INTERRUPT:
      WDTC;
      JBS         INTF,TCIF;
      JMP         INT_EXIT;
      BC          INTF,TCIF;
;-------------------------------------------
      INC         T_8MS;
      MOV         A,@V_8MS;
      SUB         A,T_8MS;
      JBS         STATUS,C;
      JMP         INT_EXIT;
      CLR         T_8MS;
      BS          TIME,F_8MS;
      BS          TIME,F_SCAN;

      INC         T_120MS;
      MOV         A,@V_120MS;
      SUB         A,T_120MS;
      JBS         STATUS,C;
      JMP         TIMER_3S;
      CLR         T_120MS;
      BS          TIME,F_120MS;
TIMER_3S:
      INC         T_FLASH;
      INC         T_3S;
      MOV         A,@V_3S;
      SUB         A,T_3S;
```

```
        JBS         STATUS,C;
        JMP         INT_EXIT;
        CLR         ADJ;
        CLR         T_3S;
INT_EXIT:
        SWAPA       STATE_BUF;
        MOV         STATUS,A;
        SWAPA       ACC_BUF;
        RETI;
```
;=========>>>>>>>>>>>>>>><<<<<<<<<<=========

(4) 程序功能说明

1) 软件功能

① 上电2.0输入,2.1输出。默认音量值均为-40dB。音量调节范围为0～66dB。

② 面板按键功能如下。

a.Mute键:按下Mute键进入静音状态,此时按其他功能键无效,再次按下取消静音。

b.Vol+/Vol-:音量加减键。

按VOL+或VOL-键进行主音量通道的音量调整。在主音量通道的音量调整时,同时也对低音音量通道的音量调整。

c.BASS+/BASS-:音量加减键。

按BASS+或BASS-键进行低音音量通道的音量调整。如在主音量通道的音量调整为最大时,按BASS+进行低音音量通道的音量调整无效。如在主音量通道的音量调整为最小时,按BASS-进行低音音量通道的音量调整无效。

2) 遥控器按键功能

① Mute键同面板Mute功能。

② BASS+/- 键同面板 Vol+/Vol- 功能。

③ VOLUME+/-键同面板BASS+/BASS-功能。

实例 48. 小型电子声光礼花器

节日和庆典时燃放礼花，其绚丽缤纷的图案、热烈的爆炸声和欢乐的气氛，能给人们留下美好的印象，但有一定的烟尘污染和爆炸危险隐患。本电路可以模拟礼花燃放装置，达到声型兼备的效果，给人们在安全、环保的环境中带来轻松愉快的氛围。电路结构新颖、元件不多、调试容易、适合自制。也可供小型企业工程技术人员开发设计参考。该装置可用于家庭庆典、朋友聚会、联欢晚会、儿童玩具及一些趣味性等场所。

（1）电路工作原理

小型电子声光礼花器电路原理图如图6-22所示。

小型电子声光礼花器由模拟礼花色彩的发光电路和模拟礼花爆炸声的发声电路两个部分组成。集成电路IC1为555，它是构成方波发生器基础，发出的方波振荡信号分两路送出。一路送至十进制集成电路计数器IC3（CD4017）作为触发信号，使其进行计数。每次计数的结果（CD4017的Q0～Q6之一为"1"时），分别由二极管VD1～VD12传输到相应的集成电路双向模拟开关CD4066的控制端，可使三个双向模拟开关CD4066（1）、（2）、（3）或单独或组合导通。这样IC1的方波信号就可以通过模拟开关驱动相应的三极管VT1～VT3饱和导通，点亮相应的发光二极管LED。

方波振荡信号驱动三极管时，要先经过一个由电阻Rb和电容Cb组成的微分电路，根据微分电路的特点，后接的三极管是在方波上升沿开始后导通，然后Vb点的电压按指数规律衰减至0，因此三极管驱动的LED也有一个从突然点亮而渐暗的短暂过程，这个过程的长短可由Rb和Cb的数值（时间常数）来调整。

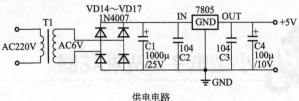

图6-22 小型电子声光礼花器电路原理图

注：① 二极管也可以用1N4148代替。② 此电路的供电可以采用7805的三端稳压器作为供电的主芯片。③ 三极管也可以用8550代替。

CD4017计数器的输出与CD4066模拟开关的接通状态即LED的点亮情况如表6-6所示。

当CD4017的Q7端为"1"时,计数器复位。随着555集成电路IC1的振荡信号不断产生,发光二极管发出的7种色彩也循环不断,并且每种光色的点亮过程会有一种类似烟花闪烁后迅速熄灭的感觉。

三极管VT1、VT2、VT3都是由RC微分电路驱动的,如果将三极管VT1改为RC积分电路(R与C在电路中的位置互换)驱动则可使红LED在点燃时间上有一个后延,如此当两个以上LED都点亮时就会产生时序上的差异,产生动画般的层次感。

模拟燃放礼花的声音由时基集成电路555来完成,也是一个振荡器,不同的是其复位端4脚所接的电位器是由IC1输出的方波信号经过R1和C1组成的微分电路后产生的,即从方波上升沿起及其后的一段时间内,IC2的4脚才能保持高电平"1",并使其工作,所产生的振荡信号直接驱动扬声器和三极管驱动的LED点亮同步,发出类似礼花爆炸的声响。

(2) 元器件选择

集成电路IC1、IC2选择555,集成电路IC3选择计数器CD4017,双向模拟开关可选择集成电路CD4066,LED1、LED2可选择普通发光二极管,红、绿、蓝三个LED应选择$\phi 5$以上的超高亮度发光二极管,其他元器件照电路图中的参数选择即可。

表6-6 LED的点亮情况

CD4017输出	CD4066	发光二极管的发光状况
Q0	CD4066 (1)	红LED
Q1	CD4066 (2)	绿LED
Q2	CD4066 (3)	蓝LED
Q3	CD4066 (1)、(2)	红LED、绿LED
Q4	CD4066 (1)、(3)	红LED、蓝LED
Q5	CD4066 (2)、(3)	绿LED、蓝LED
Q6	CD4066 (1)、(2)、(3)	红LED、绿LED、蓝LED

调整电位器VR1可改变IC1的振荡频率,以使每次礼花燃放期间有一个合适的短暂停顿,发光二极管LED1用于指示其工作状

态。调整电位器VR2可改变IC2的振荡频率，以使扬声器发出类似礼花的声响，LED2用于指示其工作状态。红、绿、蓝这三个发光二极管要呈三角形状装置在一起，使它们发光能调色。

（3）制作与调试方法

电路只要安装正确便可正常工作，光的前方安置一块由透光孔组成礼花图案的面板，其间距可在实验中调整。在夜晚关灯的房间内，当LED点亮时的各种彩光通过该面板投射到白纸或白墙时，就会产生色彩缤纷、星光灿烂、声形并茂的礼花效果。

实例49 红外线探测防盗报警器

该报警器能探测人体发出的红外线，当人进入报警器的监视区域内，即可发出报警声，适用于家庭、办公室、仓库、实验室等比较重要场合防盗报警。

（1）电路工作原理

红外线探测防盗报警器电路原理图如图6-23所示。

红外线探测防盗报警器由红外线传感器、信号放大电路、电压比较器、延时电路和音响报警电路等组成。红外线探测传感器IC1探测到前方人体辐射出的红外线信号时，由IC1的②脚输出微弱的电信号，经三极管VT1等组成第一级放大电路放大，再通过C2输入到运算放大器IC2中进行高增益、低噪声放大，此时由IC2①脚输出的信号已足够强。IC3作电压比较器，它的第⑤脚由R10、VD1提供基准电压，当IC2①脚输出的信号电压到达IC3的⑥脚时，两个输入端的电压进行比较，此时IC3的⑦脚由原来的高电平变为低电平。IC4为报警延时电路，R14和C6

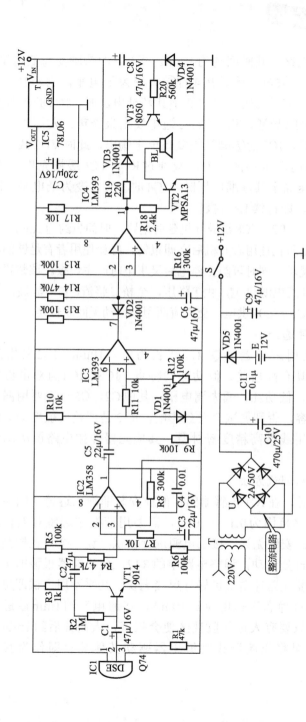

图6-23 红外线探测防盗报警器电路原理图

组成延时电路，其时间约为1min。当IC3的⑦脚变为低电平时，C6通过VD2放电，此时IC4的②脚变为低电平，它与IC4的③脚基准电压进行比较，当它低于其基准电压时，IC4的①脚变为高电平，VT2导通，讯响器BL通电发出报警声。人体的红外线信号消失后，IC3的⑦脚又恢复高电平输出，此时VD2截止。由于C6两端的电压不能突变，故通过R14向C6缓慢充电，当C6两端的电压高于其基准电压时，IC4的①脚才变为低电平，时间约为1min，即持续1min报警。

由VT3、R20、C8组成开机延时电路，时间也约为1min，它的设置主要是防止使用者开机后立即报警，好让使用者有足够的时间离开监视现场，同时可防止停电后又来电时产生误报。该装置采用9～12V直流电源供电，由T降压，全桥U整流，C10滤波，检测电路采用IC5 78L06供电，交直流两用，自动无间断转换。

（2）元器件选择

IC1采用进口器件Q74，波长为9～10μm。IC2采用运放LM358，具有高增益、低功耗的特点。IC3、IC4为双电压比较器LM393，低功耗、低失调电压。其中C2、C5一定要用漏电极小的钽电容，否则调试会受到影响。R12是调整灵敏度的关键元件，应选用线性高精度密封型。其他元器件按电路图所示选择即可。

（3）制作和调试方法

制作时，在IC1传感器的端面前安装菲涅尔透镜，因为人体的活动频率范围为0.1～10Hz，需要用菲涅尔透镜对人体活动频率倍增。安装无误，接上电源进行调试，让一个人在探测器前方7～10m处走动，调整电路中的R12，使讯响器报警即可。其他部分只要元器件质量良好且焊接无误，几乎不用调试即可正常工作。本机静态工作电流约10mA，接通电源约1min后进入守候状态，只要有人进入监视区便会报警，人离开后约1min停止报警。如果将讯响器改为继电器驱动其他装置即作为其他控制。

实例50 面包型电话机

随着国民经济的发展和人民生活水平的提高,电子电话机已经像各种家用电器一样走入千家万户,成为人们日常工作与生活的必需品。同时随着集成电路技术的发展,使得电话机的功能越来越强,然而其基本的振铃、拨号与通话功能却是每一款电话机所必备的功能。对于广大电子爱好者来说,掌握电话机的基本原理并能正确地进行运用,对开发出一些远程控制或测量的产品来说,也是非常实用的。

(1) 工作原理

面包型电话机电路原理图如图6-24所示。

电话外线接入L1、L2,当挂机时,叉簧开关HOOK接通振铃电路,目前广泛采用的程控交换机的工作电压为直流60V左右,铃音信号的电压为交流90V左右,没有振铃信号输入时由于E1和E2对直流电压是断路的,因此没有电流流入电话机,当有交流的铃音信号到来时,经R1和E1、E2后,经极性保护电路在VS1两端形成一个直流27V左右的电压,作为振铃电路的工作电源。振铃电路得电后,铃音振荡电路工作,从8脚输出铃音信号,经R6限流后,在压电陶瓷片上发出电话振铃音。当听到铃声后拿起电话机,此时电话机工作在摘机状态,叉簧开关复位,此时一方面断开E1、E2通路,L2直接接入极性保护电路,另一方面断开振铃电路供电回路,接通通话部分电路。由于通话电路阻抗较低,便会形成一个有效的摘机信号,交换机接到这个摘机信号后,回路电压变为8V左右,作为整机的工作电源。外电源一路经R8、VD1在VS1两端形成4.7V,为9102D提供供电。HM9102D是一款性价比较高的脉冲/

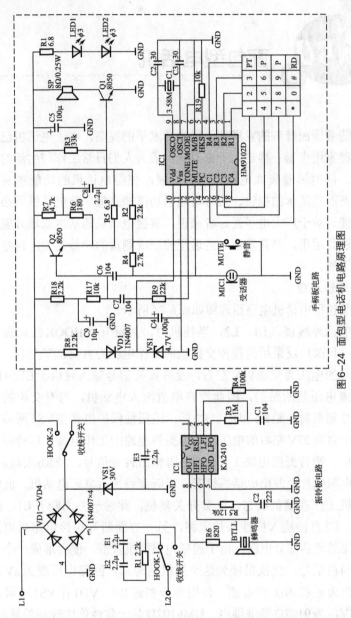

图 6-24 面包型电话机电路原理图

双音频拨号器，其内部功能电路如图6-25所示。

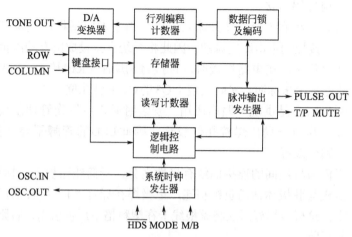

图6-25 拨号集成电路内部方框图

摘机后，外电源向芯片供电，启动拨号芯片，芯片启动后，对键盘不断地进行扫描，当有按键按下时，经数模转换后，从TONE脚输出双音频信号，经R9、C7、Q2等放大后传到电话网络中，与交换机进行通信。通话中，线路传输过来的语音信息，经C8耦合后，Q1放大，驱动扬声器发出声音，而接听电话者的说话声，则从MIC拾取后，经C6耦合、Q2放大送入线路，完成与异地的通话。

（2）安装注意事项
- 振铃线路板上，铃声是通过蜂鸣器发出的，为使声音更加悦耳，蜂鸣器安装于机壳后，用塑胶枪打上胶后将其固定，若无胶枪，可用电烙铁将附带的塑胶熔化后固定蜂鸣器，若蜂鸣器松动的话，发出的铃声较难听。
- 为使电路更加简单，对电话机的一些附加功能进行了去除，把一些原先需要设置的电路全部固定化，因此在元件安装时，有些元件的安装位置需要特别说明，HM9102D的7脚为模式控制脚，由于现在都用双音频拨号，因此制作时直接将该脚接地即可，具体操作时，将手柄线路板上的引线口用焊锡短接。

- HM9102D 的 5 脚为叉簧输入引脚，由于本电话机的叉簧开关是直接控制主电路电源的，因此将系统直接设成所有功能全部开放状态，在电路焊接时，直接将 5 脚通过 R19 接地，R19 在线路板上未标明，实际安装于 Q3 的 C、E 脚孔位。
- 两只 LED 是供晚上照明所用，安装时必需将发光管伸出线路板，其中一只离焊接孔位较远，因此 LED 的管脚不要剪掉，否则会太短。
- 听筒与机座间的连接曲线有极性之分，听筒线路板上有标识，负极与驻极体话筒负极相连，正极焊在标有"T"字样的焊盘上，这根线焊好后应将整根线卡在塑料槽中后再引出，否则容易折断。

制作好的线路板如图 6-26 ～图 6-28 所示。

（3）功能调试

本电话机只要安装无误，一般装上去就可以用，无需装电池，先可将正在用的电话机的外线插头拔下来插在本电话机的插座内，提起手柄应能听到拨号音（即长声），然后拨号，拨号时能听到"嘟、嘟、嘟"的拨号音，完后应能听到对方接通的响铃声，然后挂机，再试接听，用另一台电话机或手机拨打本电话所接电话号码，拨通后本机应能听到电话机的振铃声，经过这样试验后，本电话机制作完成。

图 6-26 手柄板

图 6-27 振铃板

图 6-28 整机

（4）面包型电话机材料清单

材料清单见表6-7和表6-8。

表6-7 手柄板BOM表

序号	标号	元件名称	型号规格	数量	备注
1	R1、R5	电阻	6.8Ω	2	
2	R2、R8、R18	电阻	2.2kΩ	3	
3	R3	电阻	33kΩ	1	
4	R4	电阻	2.7kΩ	1	
5	R6	电阻	180Ω	1	
6	R7	电阻	4.7kΩ	1	
7	R9	电阻	22kΩ	1	
8	R17、R19	电阻	10kΩ	2	
9	C1	晶振	3.58M	1	
10	C2、C3	瓷片电容	30pF	2	
11	C4、C5	电解电容	100μF	2	
12	C6、C7	瓷片电容	104	2	
13	C8	电容	2.2μF	1	
14	C9	电容	10μF	1	
15	VD1	二极管	1N4007	1	
16	VS1	稳压二极管	4.7V	1	
17	LED1、LED2	发光二极管	φ3红色	2	
18	SP	扬声器	8Ω0.25W/φ27	1	
19	Q1、Q2	三极管	8050	2	
20	IC1	集成电路	9102D	1	
21	MIC1	驻极体话筒	—	1	
22	—	连接线	0.1×8	2	
23	—	连接线	0.1×6	2	
24	—	螺钉	2.3×6平头	4	
25	—	螺钉	2.6×6自攻	2	
26		曲线连接线		1	
27		手柄外壳		1	

续表

序号	标号	元件名称	型号规格	数量	备注
28	—	导电橡胶		1	
29	—	数字键		15	
30	—	螺钉封盖		1	
31	—	线路板		1	
32	—	电话线		1	

表6-8 振铃板BOM表

序号	标号	元件名称	型号规格	数量	备注
1	R1	电阻	2.2kΩ	1	
2	R3	电阻	1MΩ	1	
3	R4	电阻	100kΩ	1	
4	R5	电阻	120kΩ	1	
5	R6	电阻	820Ω	1	
6	C1	瓷片电容	104		
7	C2	涤纶电容	222	1	
8	E1、E2、E3	电解电容	2.2μF	3	
9	VD1～VD4	二极管	1N4007	4	
10	VS1	稳压管	30V	1	
11	IC1	集成电路	2410		
12	HOOK	叉簧开关		1	
13	BTLL	蜂鸣器		1	
14	—	外线插座		1	
15	—	机座外壳		1	
16	—	螺钉	自攻	4	
17	—	螺钉	2.6×5	2	
18	—	连接线	0.1×6	2	
19	—	线路板	—	1	
20	—	胶粒		1	

参考文献

[1] 方大千等著.趣味实用电子小制作200例.北京：中国电力出版社，2011.

[2] 兰吉昌等编.实用电子制作百例.北京：化学工业出版社，2011.

[3] 高平编.电子设计制作完全指导.北京：化学工业出版社，2009.

[4] 王俊峰等编.电子制作的经验与技巧.北京：机械工业出版社，2007.

[5] 门宏编.看图识电子小制作.北京：电子工业出版社，2011.

欢迎订阅电子类科技图书

书号	书 名	定价/元
02713	Altium Designer6 电路图设计百例	38
06582	Cadence 完全学习手册	56
03962	快速精通 Altium Designer6 电路图和 PCB 设计	49
07626	例解 Protel DXP 电路板设计	42
08572	LED 驱动电路设计与工程施工案例精讲	36
10375	LED 照明驱动器设计案例精解	29
06079	绿色照明 LED 实用技术	49
08048	嵌入式硬件系统接口电路设计	48
02237	传感器应用及电路设计	35
03734	图说 VHDL 数字电路设计	22
04662	图说模拟电子技术	20
015556	图说数字电子技术	16
04140	51 单片机应用设计百例	36
07764	51 单片机 C 语言开发与应用技术案例详解（附光盘）	48
06201	555 时基电路应用 280 例	32
05405	实用电子制作百例	28
05412	数字集成电路应用 260 例	43
02556	Cadence 电路图设计百例	38
02230	集成电路设计实例	22
04032	集成电路设计实验和实践	35
07125	集成电路图识读快速入门	25
04384	CMOS 数字集成电路应用百例	36
02948	集成电路测试技术基础（附光盘）	26
8131	现代集成电路测试技术	95
8987	现代数字集成电路设计	35
05781	现代集成电路版图设计	36
8440	运算放大器集成电路手册	98
08959	谐振式高频电源转换器设计	98
7793	DSP 处理器和微控制器硬件电路	58
07486	TMS320F2812 DSP 应用实例精讲	48
03621	数字信号处理器 DSP 应用 100 例	39

以上图书由化学工业出版社电气分社出版。如需以上图书的内容简介、详细目录以及更多的科技图书信息，请登录 www.cip.com.cn。

邮购地址：（100011）北京市东城区青年湖南街13号　化学工业出版社

服务电话：010-64519685，64519683（销售中心）

如要出版新著，请与编辑联系。

编辑电话：010-64519274

投稿邮箱：qdlea2004@163.com